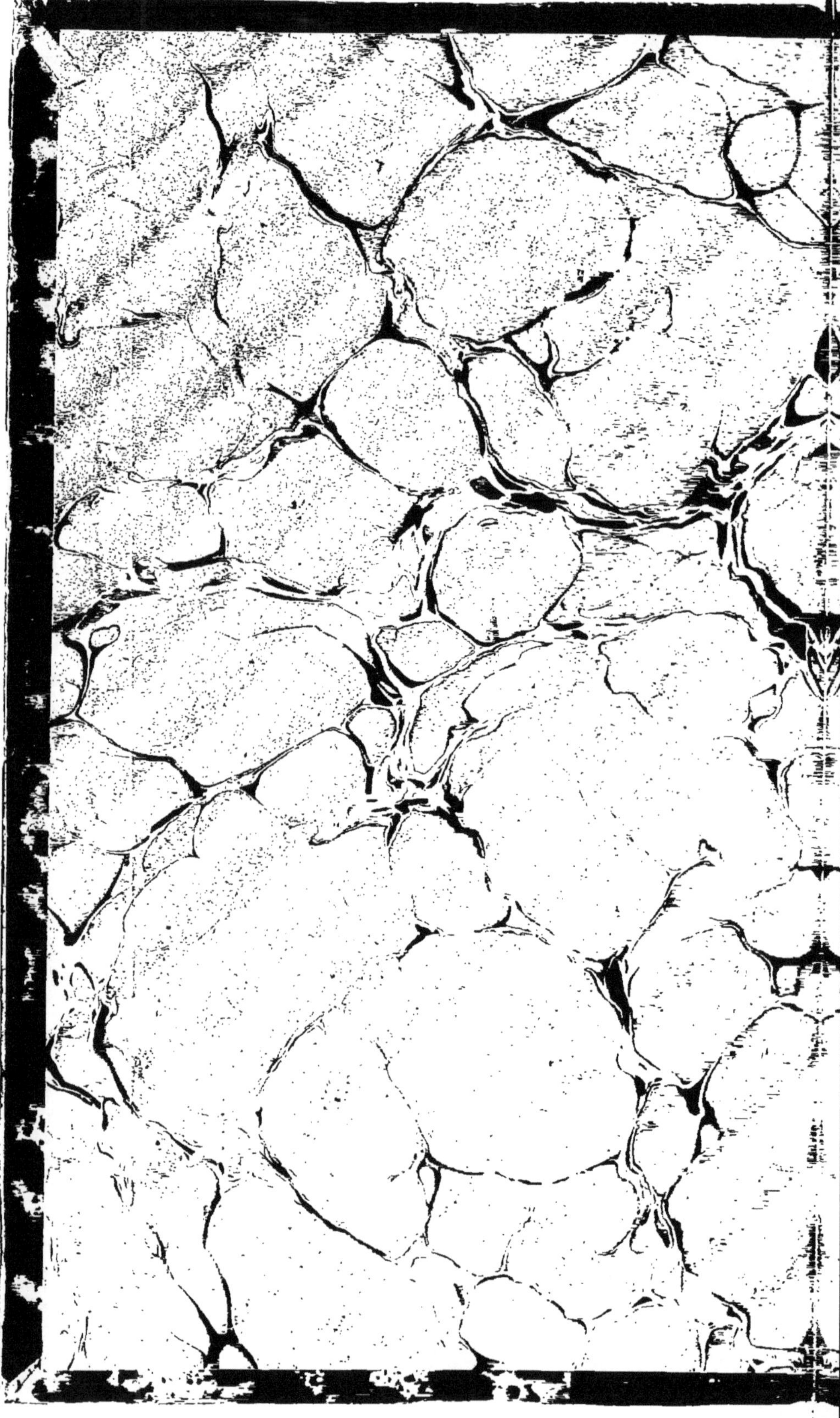

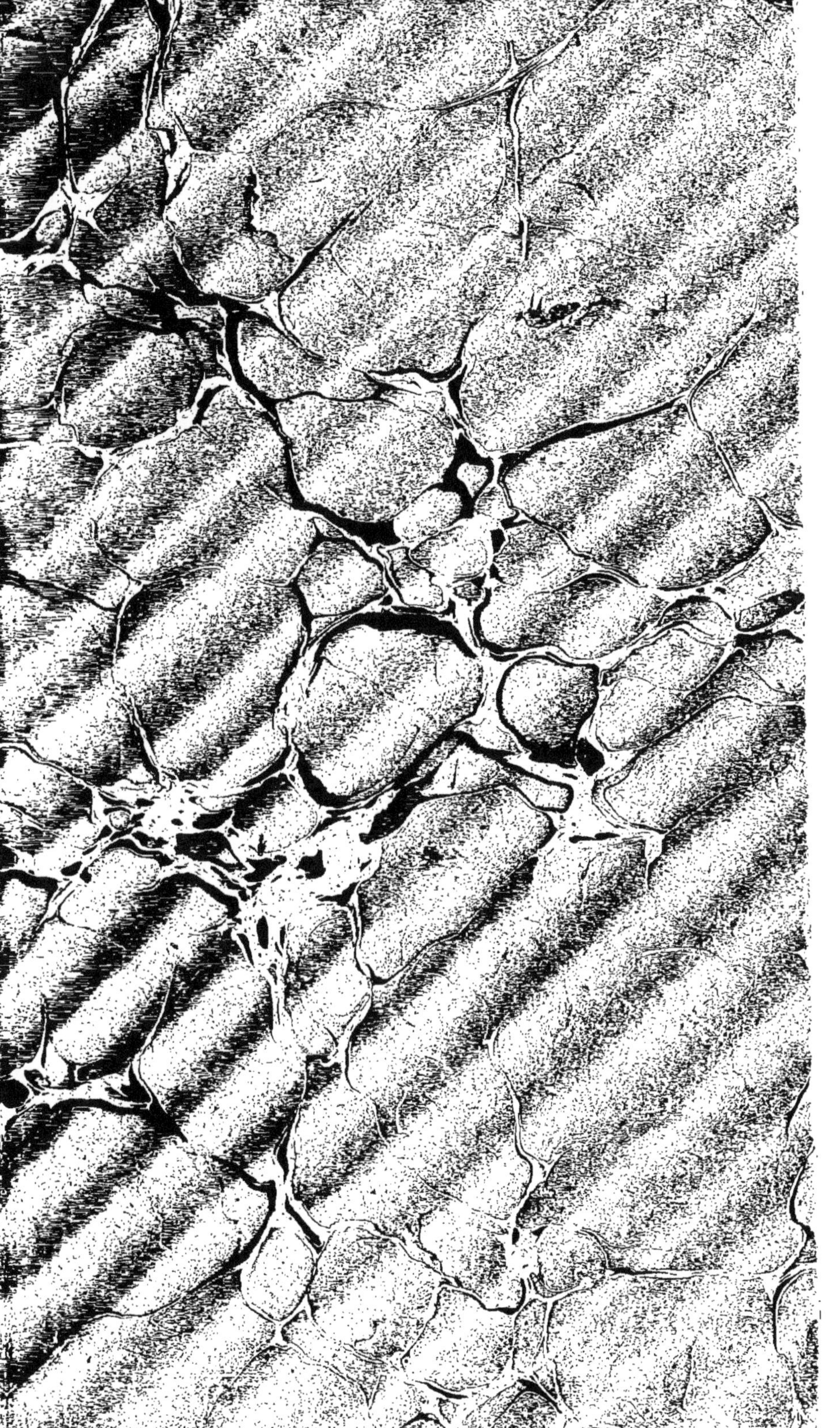

LES CHATS

TIRÉ A TROIS CENTS EXEMPLAIRES NUMÉROTÉS, TOUS SUR
PAPIER DE HOLLANDE.

N° 245

IMPRIMERIE DE A. MERTENS ET FILS, BRUXELLES.

LES

CHATS

EXTRAITS DE

PIÈCES RARES ET CURIEUSES

en vers et en prose,

ANECDOTES, CHANSONS, PROVERBES, SUPERSTITIONS,
PROCÈS, ETC.

NOTES ICONOGRAPHIQUES ET BIBLIOGRAPHIQUES

LE TOUT CONCERNANT LA GENT FÉLINE ;

RECUEILLIS

PAR JEAN GAY.

A PARIS
Chez L'AUTEUR, 41, quai des Augustins,
ET A BRUXELLES
Chez JULES GAY, éditeur, 22, rue de l'Escalier.

1866.

AVANT-PROPOS.

Nous sommes heureux de reconnaître la part de collaboration qu'ont prise à cet ouvrage, en nous procurant de nombreux et curieux renseignements, MM. Gustave Brunet, de Bordeaux; Paul de Musset, pour la communication des notes et du poëme du Chat, *de son grand-père, M. Desherbiers; Jules Choux; H. Vienne, lieutenant au* 3me *chasseurs; Paul Lacroix, conservateur à la bibliothèque de l'Arsenal; Gallien, rédacteur de la* Gazette des tribunaux ; *Ravenel, conservateur à la bibliothèque Impériale, et autres personnes. Nous saisissons cette occasion de leur renouveler l'expression des sentiments dévoués de leur serviteur*

JEAN GAY.

LA

CHATTE DE L'ÉDITEUR

MADEMOISELLE BIBICHE.

Elle est née à Paris au commencement de 1862. Sixième d'une portée, elle fut sauvée de la noyade grâce à un joli pelage blanc et noir, et surtout à de beaux favoris qui lui donnaient l'air d'un mâle. Hélas! elle n'en eut jamais que l'air, et, au printemps de 1863, elle démontra clairement qu'elle n'était pas passible de l'opération qui donne aux chats la quiétude suprême.

Qu'elle était jolie dans son enfance ! elle sautillait çà et là comme une grosse boule de fourrure. Elle n'est pas de race pure Angola. Ses longs poils soyeux recouvrent une espèce de laine courte et chaude. Son dos et le dessus de sa tête sont noirs, mais au bout de la queue touffue, dont on n'a pas coupé l'extrémité frétillante, est un charmant bouquet de poils blancs. La fourrure blanche de son poitrail remonte sur son cou comme une coquette collerette. Ses yeux sont verts, son nez est rose, et ses oreilles noires sont ornées en dedans de jolies frisures blanches.

Mademoiselle Bibiche aime les messieurs en habit. et elle fuit la blouse avec terreur. Ce n'est point qu'elle soit fière, mais elle a failli être tuée par la brutalité d'un individu vêtu d'une blouse et il lui en est resté un ressouvenir très-vif.

Bibiche devrait être la plus heureuse des chattes ; mais, semblable à bien des filles honnêtes, elle est la victime du luxe effréné de notre temps. Si l'ampleur des crinolines de celles-là fait fuir les maris, le confortable des maisons du nouveau Paris ôte à Bibiche l'occasion de rencontrer des prétendants. Plus de longs corridors, plus de nombreux recoins, plus de vastes greniers d'un accès facile et donnant sur une longue suite de toits ; plus de brèches sous les portes par où se glisser furtivement pour aller chanter sa partie dans quelque duo amoureux ! C'est en vain que par une mimique expressive et par des petits m' rou, m' rouou tendres, elle dépeint son tourment ; aucun matou digne de ce nom ne peut venir à son appel.

Aussi mademoiselle Bibiche mérite-t-elle le surnom que portait la vaillante guerrière d'Orléans

LES CHATS

PREMIÈRE PARTIE.

EXTRAITS DE QUELQUES PIÈCES RARES OU CURIEUSES CONCERNANT LES CHATS.

LE

CHAT ET L'OPINION.

POËME INÉDIT (EXTRAIT)

PAR GUYOT DESHERBIERS,

Grand-père maternel de MM. Alfred et Paul de Musset.

Souvent, la simple multitude
A dépassé par son instinct
Les combinaisons de l'étude.
Elle lit d'un sens indistinct
Au grand Livre de la Nature,
Qui n'est pas toujours sans rature
Pour les *Pline,* pour les *Buffon.*
Le curieux esprit de l'homme
De tout veut se rendre raison ;
C'est son besoin : sensée ou non,
Il en faut une. Et voilà comme
Le peuple, peu physicien,
A cru le chat magicien.
Dans ce qui lui semble incroyable,
Il pressent la griffe du diable,
S'il n'aperçoit le doigt de Dieu.

Le dogme de sorcellerie
S'est introduit en temps et lieu
Après celui d'idolâtrie.
Non que, sur le fait de magie,
Je prétende vous rendre impie !...
Sans doute, il est des sorciers,
Et le chat est un des premiers.
On enseigne en théologie
Que les enfers n'ont point d'orgie
Et la *Saint-Jean* point de sabbat
Où ne préside un maître chat.
Lorsque à Goa, le Saint-Office,
Pour notre édification,
Mettait en conflagration
Quelques faiseurs de maléfice,
Qu'aux lueurs d'un *auto-da-fé*
MONSEIGNEUR prenait son café,
On sait que les dévotes dames
Des mécréants voyaient les âmes,
Autant qu'une âme se peut voir,
Passer à l'infernal manoir
Sous la figure d'un chat noir.
Du grand *Baldus*, qui de Bartole
Soutint et même accrut l'école,
Je vous dirai le triste cas.
Connaissant tout, hors la magie,
Avec le plus savant des chats,
Il apprenait l'astrologie !...
Un jour qu'ils étaient en discord
(Sans doute *Baldus* avait tort),
Pour l'avertir, son chat le mord,
Et d'encre barbouille le bord
De sa tablature inexacte ;
On ne sait avec *Belzébut*
Si le chat avait fait un pacte,
Mais fermement Baldus le crut ;
Il voit en danger son salut.
La critique surnaturelle
Démonte sa grave cervelle.
Au fond de ses veines il sent,
Avec les poisons de la dent,
Courir l'infernale séquelle.

Il se tient sous l'obsession
De l'esprit nommé *Légion*.
Désormais il lit sans méthode
Digeste, Novelles et Code.
De ce syllogisme cornu,
Dont il fut maître reconnu,
Il ne sait plus trouver la trace;
Enfin le docteur, pour avoir
D'un chat encouru la disgrâce,
Perdit le sens et le savoir.
Donc le chat, par toute la terre,
Tantôt dieu, tantôt nécromant,
A su maintenir constamment
La hauteur de son caractère.
Un point d'universelle foi
(Pythéas, voyageur illustre,
L'atteste, au sept centième lustre),
C'est que toujours le chat, sur soi,
Tint les sceaux de la destinée,
Qu'au talisman de sa faveur
La fortune s'est enchaînée,
Et que, par un charme vainqueur,
Sur ses partisans il attire
Tout le magnétisme du cœur.
Preuve que je parle sans rire,
N'allons pas plus loin, chère sœur (1),
J'en trouve l'effet sur vous-même
Et ce pouvoir doux et sacré
Qui fait que, de force ou de gré,
Qui vous entend ou voit vous aime,
Peut-on dire s'il ne tient pas
Au nœud de cet amour suprême
Qui vous unit avec les chats ?
Le législateur de l'Asie,
Heureux soldat, prêtre inspiré,
Des caresses d'un chat tigré
Fit sa plus chère fantaisie.
Emportant son chat avec lui,

(1) Le poëme est dédié par l'auteur à sa belle-sœur Mme Denoux.

Lorsque ce héros s'est enfui,
Ensemble ils ont fondé l'*hégire*,
Date éternelle à son empire,
Pour ne pas troubler cet ami,
Vénérablement endormi
Dans les plis soyeux de sa manche,
D'un fer généreux, il retranche
La riche part de son habit,
Dont le chat s'était fait un lit.
Le tyran mitré de la France,
Richelieu, qui d'un bras de fer
De l'Europe tint la balance,
Trouva pourtant un cœur de chair
Près de la miaulante engeance.
Dans ces rares et courts moments
Que des politiques tourments
Nécessitait l'interminence,
Un panier de chatons charmants
Divertissait Son Éminence ;
Et par un geste raccourci
Ils ont, plus d'une fois peut être,
Vengé sur leur barbare maître
Le trépas de Montmorency.
Rival de Virgile et d'Homère
(Quelqu'un l'a nommé leur vainqueur),
Le Tasse a soulagé son cœur
Entre un jeune chat et sa mère.
« Tandis que la fortune amère,
Leur dit-il, me navre de coups,
Je cherche la paix près de vous,
Ainsi que, battu des orages,
Le pilote calculateur
De la grande Ourse et de sa sœur
Saisit l'éclat régulateur
A travers le choc des nuages. »
Penser douloureux, mais flatteur !
Dans l'indigence et la disgrâce,
Deux chats ont consolé le Tasse !
C'est donc à ces êtres parfaits
Que l'Hélicon doit vos portraits,
O magnanime Sophronie !

Tendre Armide ! douce Herminie !
Et toi, Clorinde, autre Pallas,
Qui, tout armée, et toute belle,
Comme un miracle, t'élanças
De son inventive cervelle,
A la lueur de l'œil des chats !
L'amoureux et brillant génie
Qui fit cesser, dans l'Ausonie,
D'une ignare cacophonie
La longue et ténébreuse nuit,
Qui, trouvant son art dans l'enfance,
A l'âge mûr l'avait conduit,
Sans traverser l'adolescence...
Pétrarque, à son chat connaisseur,
De ses sonnets doit la douceur.
Plein de foi, le poëte implore
De ce dieu le pouvoir divin
Pour amollir le cœur de Laure,
Et ne l'implore pas en vain.
Soit qu'il chante son doux martyre,
Soit que son désespoir soupire
Le trépas de l'objet chéri,
Il entend le chat favori
Fidèlement monter son cri
Au diapason de la lyre.
A Vaucluse, quand deux amants
Vont à la Sorgue fugitive
Demander ces sons languissants
Que garde l'écho de la rive,
Parfois une oreille attentive
Distingue encore les accents
Qu'y mêle la chatte plaintive.
Depuis dix fois septante hivers,
L'enfant des muses qui, dans Arque,
Baise le marbre de Pétrarque
Voit de son chat les restes chers ;
Et toujours l'Italie admire,
Comme éternisé dans la myrrhe,
L'Apollon de tant de beaux vers.
Du temps l'impitoyable rouille
En a respecté la dépouille ;

Par la flamme de ces yeux verts
Où sa belle âme semble vivre,
Il est encor l'épouvantail
De l'irréligieux bétail
Qui voudrait attenter au livre
De son poëte harmonieux.
Ainsi donc du chat glorieux
Pétrarque partage le temple!
Encouragé par cet exemple,
J'espère, avec timidité,
Que le dieu, sur ces faibles rimes
Où de mon mieux je l'ai chanté,
Voudra de ses destins sublimes
Épancher l'immortalité.
Par un contraste nécessaire,
Malheur mille fois au mortel
Dont le sinistre naturel
Des chats l'a rendu l'adversaire!
De leur mépris jadis le poids
Avait imprimé l'anathème
Au front du dernier des Valois,
De nos Henrys le pénultième
Et le plus vil de tous les rois.
D'une réprobation juste
Exemple à jamais effrayant!
Voyez, devant le chat auguste,
Ce demi-homme défaillant!
Méditez sa fin déplorable,
Sa vie encor plus misérable!
Saisi d'un trône chancelant
Il en fait le grabat du vice;
Va de la crapule au cilice;
De la nuit des assassinats
Lâche témoin, cruel complice;
Sans doute, le regard des chats
Devenait son premier supplice.
Et maintenant, ô potentats!
Du chat vénérez la justice.
Mais bientôt son culte propice
Va renaître dans nos climats;
De la péninsule Italique

Lorsque la jeune république
Aura cimenté ses États,
O Liberté! tu produiras
Plus d'un Zeuxis, plus d'un Orphée!
Ils te rendront, céleste fée,
Ton compagnon, le chat Haret
Qu'avec toi la Gaule adorait;
Et certes, ce vivant portrait
Te siéra mieux que le bonnet
Dont nos artistes t'ont coiffée.

PIÈCES SUR MONCRIF.

François-Augustin Paradis de Moncrif, né à Paris en 1687, mort en 1770.

Il était issu d'un famille honnête, mais peu aisée ; ce n'est que par ses travaux qu'il obtint la position où il est arrivé.

Le travail qui l'a fait le plus connaître est, sans contredit, son *Histoire des chats ;* elle valut à l'auteur des éloges justement mérités. A cette époque, les ouvrages d'érudition étaient rares, fautifs et de plus dispersés dans des collections privées où peu de personnes étaient admises à les consulter.

La 1re édition parut sous le titre : *les Chats en VIII plans*... Paris, Quillau, 1727, in-8°, avec 9 gravures de Coypel. — Une autre a été faite à Rotterdam, chez J.-D. Beman, en 1728, in-8°. — Une autre porte le titre de : *Lettres philosophiques sur l'histoire des chats* (Paris), 1748, in-8° de 220 p. et planches.

L'ouvrage a été publié aussi dans les œuvres de Moncrif. Paris, 1764, 4 vol. in-12, fig. et portrait. — Paris, 1791, 2 vol. in-8°, fig.

Nous croyons devoir donner la table des matières de cet ouvrage afin que les personnes qui ne l'ont pas puissent avoir une idée de ce curieux travail

TABLE

DES CHATS DE MONCRIF.

(Édition de 1748.)

Dormir sur le côté gauche.

Édifice de la Bourse de Londres, monument à la gloire des chats.

Égratignures morales.

Égyptiens.

Éloge des asnes.

Enfants voués aux chats.

Épitaphe de l'illustre Marlamain.

Évanouissement qui ne prouve rien.

Événement certain et très désirable.

Fable de M. de la Mothe.

Fêtes des Pamyliens.

Forme des chats.

Galles, prêtres de Cybèle, ayant moins de pudeur que les chats.

Généalogie de chats illustres.

Genre d'églogue.

Germanicus déclaré ennemi des coqs.

Gouttières, écoles admirables d'éducation.

Histoire d'une chatte de l'hôtel de Guise.

Homère parlant des chats.

Hommage très indécent rendu au Bœuf *Apys*, par les dames égyptiennes.

Idylle sur les chats, traduite de l'arabe.

Institution de Phallus.

Isis appelée *Myrionyme*, déesse à mille voix.

Isis, qui est la même que Diane, transformée en chatte.

Jugemens injustes sur les chattes.

Jumens de la Grèce.

L'abbé de Baigne.

L'autorité des chats l'emporte sur la puissance romaine.

La déesse Chatte, regardée comme la déesse des amours.

La déesse Chatte, représentée en belle femme, assise dans un fauteuil

Le dieu Chat, appelé *Elurus.*

Le dieu Pet.

Le prêtre de Jupiter, appelé Flamen dial, ne devoit souffrir l'approche d'un chien.

Les Allains et les Vandalles portoient dans leurs armes un chat pour symbole de la liberté.

Les chats mis en parallèle avec les Brachmanes.

Les chats s'emparent de la ville de Peluse.

Les chats sont un excellent remède contre les vapeurs.

Les chattes noires sont les plus piquantes aux yeux des matous.

Madame de la Sablière éprouve combien le commerce des chats est séduisant.

Mademoiselle Dupuy, joueuse de harpe, instruite par son chat.

Maisons de plaisance pour les chats.

Manche coupée pour ne point interrompre le sommeil d'un chat.

Maneros, fils du roy Malcander.

Marlamain, chat de madame la duchesse du Maine.

Marmarides.

Marot emprunte des chats les traits du portrait de Vénus.

Médaille de Chat noir premier.

Monastère où l'on entretenoit une armée de chats.

Monsieur de Fontenelle, élevé dans la haine des chats, secoue ce préjugé.

Monsieur Locke découvre quelles sont les sources de la prévention injuste contre les chats.

Montaigne admirateur du mérite des chats.

Monumens antiques représentant le dieu Chat.

Mort de Marlamain.

Musique des chats, infiniment plus étendue que la nôtre.

Naturel des chats, titres glorieux des rois du Turquestan.

Noms des chats, en hébreu, en grec, en latin, en italien, en celtique, en espagnol, en allemand, en anglois, en hollandois, en arabe et maldivois.

Noms propres.

Nourrices; elles sont la source des plus injustes préjugés.

Obsèques des chats coûtant des sommes immenses.

Observations de M. Lemery sur les yeux des chats.

Observations très-curieuses d'Aristote et de Pline sur la situation des chattes quand elles s'accouplent.

Opéra des chats.

Ophiade, isle déserte.

Origine des cris que font les chattes quand elles sont en rendez-vous.

Orphée transporte d'Égypte en Grèce le culte du dieu Chat.

Pallas.

Paphos réduite à s'appeler *Bafa*.

Par quel charme la dame de Fayel inspira une grande passion au sire de Coucy.

Parabaravarastou, roy des divinités de l'Inde.

Parisadam, fleur des Indiens.

Patripatan, chat indien dont la mémoire est extrêmement honorée.

Patte de velours.

Pénitent indien, célèbre par son chat.

Perfidie des chaudronniers.

Perycilacisme, loi contre les chiens.

Phosphores trouvés dans les chats.

Physionomie très heureuse des chats.

Portraits des chats portés en triomphe.

Prééminence des chats en Égypte sur tous les autres animaux.

Prêtres égyptiens.

Prévoyance, vertu pénible dont les chats n'ont pas besoin.

Psicharpax, prince rat.

Pythagore, délicat connoisseur en musique.

Quarante-huit millions de déesses ayant pour maris cent vingt-quatre millions de dieux.

Quintus Curtius, imitateur des chats de l'Égypte.

Rapports entre les chats et la lune.

Rapports entre les chats et les astres.

Ratillon d'Austrasie, troisième époux de Brinbelle.

Ronsard met les chats au rang des oracles.

Sabbat général.

Sannacherib, roy des Arabes, vaincu faute d'avoir des chats pour se défendre.

Schabé-Schah, prince du Turquestan, vaincu par la ressemblance d'un chat.

Sentiment du Père Mallebranche sur la répugnance que quelques personnes ont contre les chats.

Sistre, instrument de musique orné de plusieurs figures de chats.

Source de l'ascendant que les proverbes ont sur les esprits.

Testamens en faveur des chats.

Traitement honorable fait aux chats pendant leur vie.

Troupeau de chats, admirable sujet d'églogue.

Vers de M. de Fontenelle sur les brunes.

Vers d'une grande princesse à l'honneur de son chat.

3

Une très jolie femme comparée aux chats.

Usage des Grecs renouvelé en Mirebalais.

Wittington n'a pour légitime qu'un chat, qui devient grand seigneur.

A peine l'ouvrage de Moncrif fut-il publié, que la critique arriva. Le poëte Roy fit courir quelques épigrammes ; Moncrif, piqué au dernier point, attendit le satyrique, et le régala de coups de plat d'épée; Roy, en les recevant, disait : « Minet, patte de velours ! »

Moncrif était fort aimé de M. le comte d'Argenson. L'homme de lettres dit un jour au ministre : « Monseigneur, vous êtes le maître de me faire donner le « brevet d'historiographe de France. » Malheureusement M. d'Argenson se souvenait trop de l'histoire des chats : « Historiographe, lui répondit-il, cela est im « possible : dis donc historiogriffe (1). »

Une brochure, rare et assez curieuse intitulée : *Lettre d'un rat calotin*, est attribuée à de Segrais l'auteur de l'*Histoire des rats ;* elle fut suivie de deux autres lettres, imprimées dans le *Dictionnaire néologique, à l'usage des beaux esprits du siècle* (par l'abbé Desfontaines), Amst., 1728, in-12.

Enfin parut l'*Histoire des rats, pour servir à l'Histoire universelle*. A Ratopolis.

Moncrif n'en devait pas être quitte pour si peu ; ses chats devaient le suivre jusqu'à l'Académie, ainsi que l'on peut le voir par ces vers, extraits du *Recueil de Maurepas*.

(1) *Almanach litt.*, 1778, p. 111.

CHANSON

Sur M. de Moncrif, élu un des quarante de l'Académie françoise.

Les beaux esprits vont nous apprendre
Qui chez eux doit avoir le pas ;
Ils ont des rats, ils ont des rats ;
Il leur faut quelqu'un pour les prendre ;
Ils choisiront l'auteur des chats.
Si vous ne choisissez Moncrif,
Clermont vous montrera la grif ;
Mais quand Moncrif sera reçu
Apollon montrera le c...

Une parodie du discours prononcé par Moncrif lors de sa réception, pièce très-rare aujourd'hui, parut, en 1734, sous le titre du *Miaou;* elle est attribuée, mais sans doute à tort, à J.-B. Rousseau, car elle est lourde, peu spirituelle et mal écrite, et, comme on sait, à partir de 1712, Rousseau vécut toujours à l'étranger et chargé d'ennuis. Des diverses critiques faites contre Moncrif, nous nous bornerons donc à reproduire la *Lettre d'un rat calotin.*

LETTRE D'UN RAT CALOTIN

A

CITRON, BARBET,

AU SUJET DE L'HISTOIRE DES CHATS,

PAR M. DE MONTGRIF.

Le prix est de 8 sols. A Ratopolis, chez Mathurin Lunard, imprimeur et libraire du régiment de la Calotte, M DCC. XXVII. *Avec approbation et privilége de l'état-major du régiment.*

En qualité de commensal de la maison que vous habitez quand vous êtes bourgeois de Paris, je prends la liberté, cher Citron, de troubler le repos que vous goûtez à la campagne, dans le château de votre maître. Quand vous sçaurez l'attentat commis contre les chiens, vos très-dignes confrères, vous ne serez point étonné de ce que j'en adresse la plainte au plus sensé et au plus fidèle des barbets. Quoique je sois un des plus signalés rats du régiment de la Calotte, ne croyez pas que les observations que vous allez lire en soient moins exactes. Je suis un rat philosophe, qui ai plusieurs logemens dans Paris, qui vais quelquefois me reposer au café Marion, et qui de là me rends dans de très-bonnes maisons, où j'apprends à raisonner et à parler. Je vais même trois fois la semaine à l'Académie françoise, pour y apprendre en détail les nouvelles de la cour et de la ville, et de temps en temps à l'Opéra, et aux autres spectacles où j'ai l'entrée franche. Tout cela m'a formé le goût et m'a rendu assez joli rat.

Sçachez donc, cher Citron, qu'on vient d'imprimer à Paris une histoire des chats, où les chiens sont extrêmement maltraitez. L'auteur est fort éloigné d'avoir cette impartialité qu'exige l'histoire ; c'est plutôt un panégyriste qu'un historien : il se donne pour le Tite Live des chats, lorsqu'il n'en est que le Pline. Quant à moi, cher Citron, ne vous imaginez pas que ma plume soit maniée par la passion, et que je ne suive dans mes réflexions que l'antipathie constante qui règne entre les rats et les chats, depuis leur séjour dans l'arche de Noé. Non, le seul intérêt de la vérité m'anime. Peut-être le galant historiographe rougira-t-il de s'être attiré un petit censeur de mon espèce. Il ne doit pourtant pas ignorer que les plus respectables écrivains de l'antiquité ont eu quelquefois affaire à des antagonistes que l'audace seule et non l'égalité rendoit leurs rivaux. Quoi qu'il en soit, à bon chat bon rat.

N'attendez pas de moi que je charge cette lettre de citations européennes et asiatiques ; ce n'est pas que je ne pusse fort bien, à l'exemple de notre historien, emprunter de la science, et vous régaler de notes hébraïques et de morceaux d'algèbre, aux dépens de qui il appartiendroit. Qu'en arriveroit-il ? Je vous ennuierois, je vous assommerois, et vous ne m'en croiriez pas plus sçavant. Peut-être même en vous donnant un échantillon de mon arithmétique, je pourrois bien me tromper dans mon calcul.

Je me promenois hier dans la bibliothèque d'une dame du voisinage, qui se pique de n'avoir que des livres d'érudition. Une odeur de maroquin neuf m'attira, je voulus voir ce que c'étoit. Je trouvai l'*Histoire des chats* proprement reliée : ses feuillets collés ensemble témoignoient qu'elle n'avoit pas encore été luë, quoique ce fût un présent de l'auteur. J'ouvris le livre : son titre me frappa. J'eus le courage de parcourir l'ouvrage, et je fus très scandalisé de rencontrer mille citations sçavantes dans un moderne qui prouve clairement par son style, qu'il estime fort, des néologues et qu'il en a le goût au souverain degré. On y trouve le léger et le naturel des *Fables nouvelles ;* mais on ne peut regarder que comme un phénomène ignoranto-scientifique les lambeaux latins et grecs cousus à des dissertations calquées sur les desseins du glorieux correcteur d'Homère.

En vérité, cher Citron, je ne sçaurois trop condamner le projet d'un auteur qui choisit un sujet aussi peu intéressant que les chats, pour entretenir le public. Il est vrai que cet auteur allègue l'exemple de Lucien; peut-être a-t il son enjouement. Il allègue encore le poëme sur la *guerre des rats et des grenouilles ;* peut-être a-t-il aussi le sublime d'Homère. Cela se vérifie dès la première page de sa première lettre.

Je ne m'amuserai pas, comme l'auteur, à citer cent volumes que je n'ai jamais lus, pour répondre à ceux qu'on amène au secours de la gloire des chats. Je me contenterai d'un seul vers de Lafontaine, qui caractérise parfaitement ces maudits animaux ; c'est dans la fable du Singe et du Chat, où il les enveloppe dans la même définition, et dit, en parlant de ces deux fripons domestiques qui se préparoient à tirer les marrons du feu :

> Ils voyaient en ceci double profit à faire,
> Leur bien premièrement, et puis le mal d'autrui.

Je pourrois entasser ici quelques vers des *Fables nouvelles*, qui ne les traitent pas mieux : mais je ne veux citer que des livres connus et lus, excepté celui de l'*Histoire des chats,* que je ne puis me dispenser d'extraire quelquefois, pour rendre mes observations plus palpables.

Le prétendu historien n'y pense pas d'exalter la nation chatte, quand il y a des chiens dans le monde. A-t-il oublié la finesse et la légèreté des lévriers, la sagacité des braques, la gentillesse des épagneuls, la bonté des danois, le courage des dogues, la fidélité et la constance des barbets ? Que de faits illustres et intéressans ne pourroit-on pas rassembler, si on s'avisoit de composer les annales canines ? Le mérite des chiens ne ressemble pas à celui des chats, il brille ailleurs que dans les greniers. Allez voir les monumens les plus augustes, les tombeaux des rois et des héros ; vous y verrez les statues des chiens, symboles des plus aimables vertus. Les chats, avec leur physionomie fourbe et leurs griffes dangereuses, ne pourroient paroître décemment qu'au mausolée d'un procureur ou d'un greffier.

Cependant le panégyriste croit avoir bien établi leur excellence, en relevant le culte ridicule qui leur étoit affecté chez les Egyptiens ; mais il a tant d'envie d'étaler son érudition, qu'il la déplace, et qu'il s'en sert contre ses intentions. Il avilit ses idoles, en voulant les relever. N'est-ce pas effectivement bien honorer le dieu Chat que de l'associer dans ses collections au dieu Pet ?

Ce n'est pas seulement en cherchant des titres dans l'antiquité que l'auteur en rapporte de contradictoires; il tombe dans une erreur pareille en citant un seul moderne ; c'est M. de F..., dont l'éloge se trouve judiciairement mêlé à celui des chats. On lit dans la première lettre qui commence cette histoire « que monsieur de F... *avoue qu'il a été élevé à croire que la veille de la Saint-Jean il ne restoit pas un seul chat dans les villes, parce qu'ils se rendoient ce jour-là à un sabbat général. Quelle gloire pour eux !* (ajoute l'ingénieux flatteur), *et quelle satisfaction pour nous, de songer qu'un des premiers pas de M. de F... dans le chemin de la philosophie l'ait conduit à se défaire d'une fausse prévention contre les chats et à les chérir !*

Dans la septième lettre, on avance que M. de F... *contoit, il y a quelques jours, qu'étant enfant il avoit un chat dont il s'amusoit extrêmement.* Voici la conséquence de cet aveu ; conséquence que vous ne devinerez pas, quoique fort naturelle aux yeux de l'auteur, *c'est que dans l'enfance le goût pour les chats peut être regardé comme le présage d'un mérite supérieur.* Ainsi quand on vous parlera d'un capitaine célèbre, d'un profond politique, ou plutôt quand on vous parlera d'un triple académicien, poëte, érudit, algébriste, concluez hardiment qu'il a aimé les chats dès la bavette ; et lorsque vous verrez un enfant avoir cette noble inclination, dites sans rien craindre qu'il fera un jour au moins un greffier élégant du tribunal des mathématiques. Revenons à l'auteur et à ce qu'il conte de M. de F... Car nous avons encore dans cette narration un présage de ses rares talens qui a été oublié ; *entr'autres jeux qu'inventa M. de F... étant enfant, il imagina de prononcer un discours qu'il composoit sur-le-champ.* Ceci par parenthèse demontre invinciblement qu'il devoit être un jour grand orateur, et haranguer souvent dans les académies ; c'est le présage oublié que je vous ai promis, présage que n'a que trop bien justifié le recueil enjoué d'oraisons funèbres imprimé chez Brunet.

Ne trouvant donc aucune attention dans les autres enfans qui devoient l'écouter, et ne voulant point se passer d'auditoire, il prit son chat, et, l'ayant placé dans un fauteuil, l'érigea en spectateur, etc. Mais le chat s'enfuit, etc. En vérité, c'étoit là un mauvais augure, et pour peu que M. de F... eût été superstitieux, il ne se seroit jamais mêlé d'autre chose que de compiler des observations sur la physique.

Je supprime le reste de ce fait, quoique grave et concluant pour les chats. Ce que j'en ai proposé suffit pour former une question très-embarrassante. Je suis fort en peine de savoir comment M. de F..., qui avoit été élevé à croire les chats envoûtés, a pu, avant que de sortir de l'enfance, les choisir pour être *spectateurs* de cette éloquence qui devoit un jour célébrer si joliment les algébristes et les physiciens. Dans quel tems s'est fait le premier pas de ce gracieux philosophe dans le chemin de la philosophie ? Comment pouvoit-il se familiariser avec des acteurs du sabbat et comment, s'il avait sçu se défaire de ce préjugé avant que de porter la culotte, pouvoit-il, quoiqu'enfant, être assez simple pour haranguer un chat ? L'auteur expliquera sans doute cette difficulté dans sa seconde édition ; car, quoique son ouvrage n'en prenne pas fort le chemin, cela n'empêche pas qu'il ne mérite d'être revu et corrigé. Au reste nous lui sommes très-obligés de vouloir bien nous donner des anecdotes de la vie de l'illustre M de F... Puisse-t-il nous en donner d'autres pareilles! Nous ne doutons point qu'étant de la nature de celles-ci, elles ne fussent fort propres à rétablir sa gloire. C'est apparemment pour cela qu'il a consenti d'être si bien célébré dans l'*Histoire des chats;* car je suppose que le nom d'un si grand homme, intime ami de l'auteur, ne s'est pas trouvé là sans son aveu. Des personnes délicates sur la bienséance en ont été un peu scandalisées. Pour moi, je m'en suis réjoui, ainsi que de l'éloge de notre arlequin, le signor Tomasi, jugé digne, par l'auteur, d'être le père du dieu Chat.

Les conséquences que l'auteur tire de la divinité des chats égyptiens ne sont pas moins contredites par lui-même. Il rapporte que dans le temps du séjour que firent les dieux sur les bords du Nil, où ils se métamorphosèrent tous pour éviter la colère des géans, la chaste Diane prit la figure d'une chatte mignonne. *Ne serons-nous pas très raisonnables,* poursuit l'auteur, *de trouver des rapports entre Diane et sa métamorphose, et de conclure que les Égyptiens ne l'avoient imaginée que parce qu'ils connaissoient dans les chattes des qualités convenables à la prud'homie de la déesse ?*

Voilà ce qu'il débite galamment dans la première Lettre, où il érige toutes les chattes en autant de Lucrèces ; mais dans la cinquième Lettre il cite des paroles d'Aristote, qui ne s'attendoit pas à l'honorable mention qu'on fait de lui, dans un ouvrage des plus modèrnes. Ecoutez le prince détrôné des philosophes. « *Les chattes ayant beaucoup plus de tempérament que les chats, bien loin d'avoir la force de leur tenir rigueur en ce moment, elles leur font d'éternelles agaceries sans ménagement, sans pudeur, au point même qu'elles en viennent à la violence, si le matou paroît manquer de zèle.* » Ce passage allégué sans réfutation n'est-il pas bien favorable à nos Dianes des gouttières, et l'auteur n'est-il pas un homme conséquent ?

A propos des gouttières, l'auteur dogmatique les propose pour être substituées aux colléges et aux académies ; c'est là qu'il prétend *que nous ferions bien d'aller chercher l'éducation ; c'est là que nous trouverions des exemples admirables d'activité, de modestie, d'émulation noble et de haine de la paresse. Lorsqu'Annibal ne se permettoit aucun repos, observoit sans cesse Scipion, afin de trouver l'occasion favorable pour le vaincre, quel modèle avoit-il devant les yeux? Il guettoit son ennemi comme le chat fait la souris.* Que de noblesse, d'agrément et de justesse rassemble cette admirable comparaison ! Annibal n'est-il pas bien désigné par un gros Rominagrobis, et Scipion, le grand Scipion, ce sage et brave général romain, la terreur des Carthaginois, n'est-il pas encore cent fois mieux représenté par une petite souris tremblante et fugitive ?

Ce que l'auteur a de bon, c'est que le désir d'être agréable n'ôte rien à sa solidité. Il est partout le même et son stile strictement badin ne se dément presque jamais. Avec quelle force de logique ne prouve-t-il pas la supériorité admirable que les chats ont sur les hommes, dans la manière dont ils envisagent la mutilation? Un généreux matou, privé de l'espoir de perpétuer sa race, sent vivement l'affront qu'il a reçu et se livre pour le reste de sa vie à une profonde tristesse : un chanteur italien, au contraire, survit fièrement à sa disgrâce, et loin de rougir de son sort, il tranche de l'important et du petit-maître, et ose même jouer l'homme à bonnes fortunes.

Mais puisque nous parlons de musiciens, il ne sera pas hors de propos de vous apprendre que l'auteur est tout à fait récréatif sur le chapitre de la musique des chats. Il égale ces charmans matous aux rossignols. *Ils étoient admis dans les festins d'Égypte dont ils faisoient les délices par le charme de leur voix.* C'étoient des Thévenard et des Murère ; les Lulli et les Campra de ce tems-là ne composoient point de musique qui approchât de celle des chats. Quel malheur que leur chant ne soit pas aujourd'hui plus flatteur que celui des cygnes ! C'est vanter mal à propos les anciens poëtes ! Mais ne pourroit-on pas retrouver quelque chose de ce chant dans nos cantates, et certains compositeurs d'opéras nouveaux ne semblent-ils pas avoir été conduits par leurs chats dans leur récitatif ?

On dit qu'une pareille musique étoit bien digne du Scanderbeg, opéra qu'on préparoit, mais qui avoit été rejetté depuis peu, et dont on pouvoit dire d'avance, comme dans l'Iliade moderne :

Meurs, ton nom est ton arrêt.

Je ne m'étendrai pas davantage sur la contrariété des faits et des raisonnemens qui se trouve dans l'*Histoire des chats ;* je ne vous rappellerai point non plus tous les proverbes qui y sont insérés ; si ce livre est aussi rare dans votre province qu'à Paris, vous pouvez chercher ces proverbes dans le dictionnaire de Richelet, et de l'Académie, où ils sont placés dans le même ordre et avec la même grâce. Malgré ces défauts, l'*Histoire des chats* a dans le monde cinq ou six partisans ; de célèbres poumons l'ont effrontément prônée dans les cafés , et même je sçais qu'en bonne compagnie elle a été louée deux fois; la première, par esprit de contradiction, et la seconde , par reconnoissance. Pour moi, qui pense comme le public, et qui ne suis point fêté dans l'ouvrage, je ne puis vanter le docte apologiste des minets ; je ne puis souffrir la bagatelle insipide, le frivole badinage , et les fictions sans allusion, sans morale, sans sel.

Si parmi les chats il s'est trouvé un Marlamain digne d'amuser une illustre princesse, cela n'autorise pas un écrivain à louer indistinctement tous les chats de l'univers , et à promener sa plume jusqu'aux Indes. Un chat, pour être aimé, est un phénix qui ne prouve rien en faveur des autres chats. Je me flatte, cher Citron, que quelque amateur du peuple chien répondra aux louanges immodérées de la république chatte. Mais si ce juste défenseur de votre illustre espèce veut être entendu, il doit attendre que l'*Histoire des chats* soit un peu débitée ; car je ne sçais pas comment cela s'est fait, mais jusqu'à présent on m'assure que le petit nombre d'exemplaires qui a été lu n'a rien coûté au public. Que l'ignorance du siècle éclate bien dans cette occasion ! Peut-on négliger si fort un ouvrage tout farci de science, et où l'érudition est semée avec tant de prodigalité, qu'on diroit qu'elle coule de source, et que l'auteur en a fait la dépense. Je compte fort que notre très illustre régiment de la Calotte, qui honore le mérite, indépendamment des préjugés vulgaires, récompensera libéralement l'auteur du zèle et de l'éloquence qu'il a fait briller en plaidant la cause des chats, et l'inscrira incessamment, à côté de Pantalon-Phœbus, dans le tableau enluminé des avocats des causes paradoxales, en attendant qu'il soit jugé digne d'être le con.rère de messire Christophe Mathanasius, nouveau membre d'un corps aussi illustre qu'hétérogène.

Je finirai par le récit de ce que j'entendois dire ces jours passés par un savant misanthrope logé dans un grenier, où je lui rends de temps en temps quelques visites désintéressées.

« N'est-ce pas pitoyable, disoit-il, de voir un homme d'esprit, capable de faire de bonnes études, perdre cinq ou six années à compiler, dans les auteurs grecs et latins, tout ce qui a pu être dit de bon et de mauvais, de vrai et de faux, au sujet des chats ?

« Si la prodigieuse érudition semée dans le livre dont il s'agit n'est pas d'emprunt, elle a dû lui coûter au moins un temps aussi considérable. En sorte que, pour son honneur, j'aime mieux encore dire qu'il a travaillé sur des collections et sur des fatras que quelque pédant lui a communiqués. C'est l'envie de faire un livre, et non une simple brochure, sur un sujet misérable, qui l'a porté à insérer dans son ouvrage tant de puérilités sur le compte de M. de Fontenelle ; la scène basse, plate et grossière du sieur Hotereau ; le conte insipide et extravagant de *Patripatan* (dont pourtant un docte et judicieux personnage de ce temps lui a fait part) ; la relation sotte et impertinente du concert des cochons ; cette foule de proverbes bas qu'il nous donne pour de belles sentences ; ces détails grossiers d'une badinerie lascive, sur ce qui se passe dans les gouttières entre les chats et les chattes ; le tout mêlé d'un certain joli pédantisme qui n'est point du tout original, et qui paraît avoir été dérobé au héros grison des ruelles; il est évident au moins que c'est une folle envie de publier un livre de rien, qui lui a fait recueillir dans son ouvrage tant de pièces connues de tout le monde, telles que les vers délicats de M. de Fontenelle sur les brunes, et toutes les pièces de madame des Houllières, au sujet de Grisette et de Tata; ce qui compose une bonne partie de son livre.

« Si l'auteur étoit un sçavant comme moi, on lui pardonneroit peut-être deux ou trois douzaines de barbarismes et de solécismes contre la langue françoise, dans laquelle il paroît trop peu versé pour se mêler d'écrire; mais sans entrer dans aucun détail de ces solécismes, je lui demande ce que veut dire jouer des frayeurs, pour dire, faire semblant d'avoir peur? Quel Allemand ou quelle impertinente précieuse a jamais parlé ainsi? Ne cessera-t-on point de nous assommer de jargon, et de vouloir s'ériger en bel esprit, à la faveur d'un langage bizarre et insensé? »

Jugez, cher Barbet, si je fus content de ce discours hypercritique? Que deviendrois-je, moi et tous les autres rats qui aiment les livres (appellés pour cela rats bibliophiles), si les libraires n'avoient pas soin de nous fournir de temps en temps des livres de l'espèce dont est celui-ci? Car vous sçavez que c'est pour nous que ces livres s'impriment, et qu'ils se moisissent pour notre subsistance, dans les magasins des libraires, ou dans les cabinets des sots qui les achètent; j'espère que l'*Histoire des chats*, qui étoit d'abord aussi chère que le pain en 1725, et qui est devenue à très-bon marché grâce aux risées du public, me fournira incessamment, à moi et à mes confrères, des repas excellens. Quel plaisir pour un rat de manger les *chats!* Adieu, cher Barbet, j'ai bien d'autres nouvelles ridicules à vous apprendre ; mais je n'oserois vous les écrire ; je vous prie même de ne pas publier ma lettre. La communauté des chats, qui a du crédit auprès des puissans et qui est fourbe et vindicative, me feroit une cruelle guerre.

On dit qu'un libraire du quai des Augustins imprime l'Histoire *des Singes et des Guenons*, qu'un jeune libraire de la rue Saint-Jacques imprime celle des *Paons*, qu'un autre imprime celle des *Coqs*, un autre celle des *Anes*, et un autre celle des *Hiboux* : j'ai envie de composer celle des *Rats*.

LETTRE GALANTE

ET

DIVERTISSANTE

POUR RÉGLER LA VIE DES CHATS FRIANDS ET VOLEURS,
DÉDIÉE A FRIOLETTE
BELLE ET SCIENTIFIQUE CHATTE.

Paris, chez la veuve Valleyre, rue de la Huchette, à la ville de Riom, avec approbation et permission.

Charmante et admirable *Friolette,* les justes sujets de plaintes que vous nous marquez avoir à l'encontre de la *Cabriole,* jeune chat que vous avez honoré du glorieux titre de votre cher et bien-aimé matou, nous auroient déjà fait faire une descente sur les lieux que vous habitez, pour corriger les méfaits et la conduite déréglée dudit déloyal ; mais comme nos intérêts particuliers ne nous permettent pas de quitter prise, et donner aucune relâche à la proie que nous poursuivons depuis un temps considérable, qui est une compagnie de rats à la mode, c'est-à-dire orgueilleux, intéressez, insolens, importuns, ambitieux, ingrats, téméraires, friands, impudiques, enfin mauvais rats, nous venons de faire, à votre pure considération, trop aimable Friolette, signifier au malfaisant et à tous ses consorts un règlement de vie et mœurs, émané de la pleine puissance et autorité de nous, chats d'Espagne, qui tenons nos séances ordinaires dans les gouttières des différentes provinces de tous les royaumes du monde. Notre cousin *Tire-la-Griffe* est chargé, comme greffier en chef de nos sabbats, de faire exécuter le tout selon sa forme et teneur, ainsi qu'il est plus au long porté par ledit règlement ci-après, en date du 20 décembre 1738, séant *Rominagrobis* sur une lèchefrite en pleine gouttière, assisté de *Lèchepot,* son huissier ordinaire, de *Rude-en-soupe,* doyen et conservateur de ses archives, de *Radouci,* capitaine de guides de ses actions nocturnes, outre ceux-ci des soixante des plus anciens et vénérables matous qui assistent régulièrement aux assemblées sabbatiques qui se tiennent par ses ordres au déclin de chaque lune.

Signé : ROMINAGROBIS ;

Et plus bas ,

Par le grand Mitis,

CHASSERATS.

Le fameux Rominagrobis,
Le digne chef de tous Mitis,
Considérant la conséquence
D'arrêter le trop de licence
De certains chats fort étourdis,
A fait le règlement qui suit.
Décembre mil sept cent trente-huit.

I

Tous chats bien appris se doivent lever matin, se donner deux ou trois tours de pattes à griffes ouvertes, nettoyer proprement leurs museaux et leurs oreilles, pour paroître luisans et polis.

II

Après avoir déjeuné avec soupe, moût, tripes et autres denrées à quoi ils seront habitués, ils iront, se frottant autour du lit ou chaise de leur maître ou maîtresse, faire quelques gambades et caracoles, et recevront humblement leurs caresses.

III

Que jamais il ne dévident leur fusée avec les oiseaux, lapins, épagneuls, levrons, barbets et bichons, qu'au contraire ils marquent beaucoup de complaisance, fassent patte de velours, et ne se servent que peu ou point de leurs dents.

IV

Qu'ils ne soient jamais assez hardis de découvrir le pot, ni manger le rôt à la broche, parce que le public s'en scandalise, et que notre probité en souffre.

V

Il est nécessaire de joindre à toutes ces précédentes règles celle d'une exacte propreté, en s'appropriant, dans les différentes maisons où ils se trouvent, un coin pour leur servir de commodité.

VI

Qu'ils soient de bonne guerre pour les rats et les souris, avec lesquels ils ne doivent jamais faire paix ni trève, sous quelque prétexte et considération que ce soit.

VII

Que jamais la colère, et même l'émotion, ne s'emparent de leurs têtes légères, pour être plus en état de sçavoir attaquer et se défendre contre leur gibier, qu'ils doivent partager généreusement avec leurs confrères incommodés ou trop vieux.

VIII

Tout ceci est de conséquence pour rétablir notre réputation, et faire taire tous ceux qui nous accusent d'être trop licencieux, et voir en même temps sortir chiens et chiennes de toutes les bonnes maisons.

A ces causes et autres, le tout très-bien considéré, il faut que vous sçachiez, cher ami de la Cabriole, que vous devez suivre ce bon et beau règlement de point en point, pour ne vous pas exposer davantage à encourir les disgrâces qu'ont méritées vos folies. Retenez donc votre langue friande, soyez propre, gai, gaillard et bien dispos, doux, affable aux humains, fin, rusé, et même un peu trigaud avec nos ennemis communs les rats et les souris, avec lesquels on vous permet de faire la friole, en les croquant poil, peau, chair et os : aimez par dessus tout notre belle et sage Friolette ; ne faites ni le fat, ni le sot, car le grave Roussin, ainsi que Tire-la-Griffe, notre syndic et cousin, doivent tenir leurs pattes à tout ceci ; vous sçavez que jamais ils ne grattent à faux, c'est pourquoi ils vous traiteroient malgré le parentage en délinquant, ce qui pourroit bien vous faire aller de droit fil à la voirie.

CHANSON

SUR L'AIR : *de Joconde.*

Si vous suivez, messieurs les chats,
Avec zèle et prudence,
Du tribunal de nos sabbats
L'équitable ordonnance ;
Votre sagesse brillera
Dans toutes les ruelles ;
Fort nécessaire on vous croira
Chez les jeunes pucelles.

Lu et approuvé par le censeur pour la police, ce 15 *janvier* 1739.

Vu l'approbation; permis d'imprimer. A Paris, 23 *janvier* 1739. HERAULT.

MINET

POËME

PAR MADAME LEVESQUE

(Paris, 1736, in-12. — Amsterdam, au *Matou couronné*, 1738, in-12, — Bibliothèque de l'Arsenal, n° 18323. B. L. — Bibliothèque Impériale Y. 5424.)

EXTRAITS DU CHANT PREMIER.

O vous qui présidez sur les plus beaux esprits,
Diane, avec bonté recevez mes écrits!...

Un chat noble, fameux, un fortuné Minet,
Pour donner sur son sort une juste lumière,
Dans un canton riant, au bord de la rivière
S'élève un grand château, qui même dès la cour
Offre aux yeux des passants les ris, les jeux, l'amour.
Dans ce brillant palais règne une financière,
Qui belle fut jadis, maintenant douairière...

Un coureur, des laquais donnent de la noblesse ;
Notre belle en avoit pour fixer son état,
Mais qui le fit briller, aussi bien que son chat?
Sur un sopha brodé, Minet en évidence
Passoit des jours entiers comme un baron de France,
Puis à table au haut bout il venoit se placer,
Et d'un air dédaigneux mangeoit jusqu'à crever...

Vingt fois on l'a sauvé des portes du trépas.
Qu'il étoit séduisant dans sa convalescence!
Son petit air penché, sa douce nonchalance
Ravissoit tous les cœurs; mais quelle émotion
Lorsqu'il vous regardoit avec protection !
L'amitié de ce chat valoit celle d'un prince.
Ses talens faisoient bruit, même dans la province.
Cet objet accompli, pour vivre sainement
Dormoit l'après-dîner, ronflant modérément :
Il s'éveilloit enfin à l'éclat des bougies;
Du quadrille il voyoit commencer les parties,
Ensuite à la cuisine il descendoit exprès,
Pour goûter aux ragoûts, et voir s'ils étoient prêts ;
Et d'un air empressé miaulant d'allégresse,
Il venoit en sautant l'apprendre à sa maîtresse.
Trop aimable Minet ! disoit cette beauté,
Que tes transports sont vifs et pleins de nouveauté !
Ah ! lui dit un traitant, pour une vile espèce
Devez-vous prodiguer tant de délicatesse ?
Hé! Minet, au grenier allez prendre les rats,
Et cessez de saulcer votre queue en nos plats.
A quoi bon caresser un animal si traître?
Au retour du sabbat, il adviendra peut-être
Qu'il nous étranglera: c'est là votre parti.
Quoi mon chat au sabbat, vous en avez menti !
Dit la dame en courroux. Sçachez, race d'ignares,
Que les chats autrefois étoient au rang des Lares :
Que Diane, voyant de Tiphon l'attentat,
Sçut cacher son croissant sous la forme d'un chat.
Aux yeux de celui-ci connoissez en la marque...

Pendant cet entretien, Minet en tapinois
Du traitant ennemi déchire les manchettes...

EXTRAITS DU CHANT SECOND.

Mais l'aimable Minet, chéri de l'assemblée,
Paroissoit mépriser cette victoire aisée...

Lorsqu'un auteur ainsi lui porta son encens...

Enfin, charmant Minet, pour établir ta gloire,
Des faits de tes pareils je veux faire un mémoire :
Ceux qui l'applaudiront passeront pour savans,
Ce que fit autrefois l'illustre Lesdiguière,
La passion des chats est celle des grands cœurs,
Elle entraîne après soi d'héroïques honneurs.
Un quidam par son chat fut gouverneur à Londres (1),
Demandez aux Anglois, ils en pourront répondre.
Un autre (2) étoit au point d'être mis en prison,
Les tours d'un petit chat payèrent sa rançon.
Mais, interrompt l'auteur, voyez la gentillesse
De ce noble animal, consultez sa souplesse;
Mieux qu'un maître à danser il forme l'entrechat.
S'agit-il quelquefois de livrer un combat,
Sans l'aide des voisins il court à la vengeance :
L'appui dans son secours offre la dépendance.
Qui n'envîroit ce chat en sa tranquillité!
Philosophe jamais n'eut tant de gravité.
Présent à ce qu'il fait, rien ne peut l'en distraire ;
Il ne s'avance point qu'il ne soit sûr de plaire :
Mais observez surtout quand il vous fait la cour
Combien il est galant. On diroit que l'amour
Dans son air et ses yeux a placé sa finesse.
Cet éloge est parfait, s'écria la maîtresse...

Cependant ce matou qu'on estimoit si rare,
Quoique d'un abord doux, étoit d'humeur bizarre ;
Il étoit plein d'astuce et de duplicité,
Et toujours insolent dans la prospérité.

(1) Whittington.
(2) Petit-pied.

EXTRAITS DU CHANT TROISIÈME.

Revenons à présent à mon premier sujet;
On a vu jusqu'ici le bonheur de Minet;
Mais la prospérité peut-elle être durable?...

Le traitant exilé prit le parti de feindre.
Ce perfide avec art trame sa trahison,
Il voit la financière, en obtient son pardon,
Il flate le matou, l'accable de louanges;
Les cœurs bas ont souvent des ressorts bien étranges.
Peut-on cacher ainsi la haine et le dédain?
Il lui réserve au moins une canine faim.
Voici comme il s'y prend : près de son domicile
Logeoit un avocat qui n'étoit pas habile,
Il subsistoit portant des produits du palais :
Ainsi cet orateur vivoit à peu de frais.
Le traitant va le voir, en deux mots lui déclare
Qu'il lui fera présent d'un animal très-rare
Que c'est le plus beau chat que l'on vit à Paris.
Que pour ses agrémens on le mettroit à prix,
Qu'il peut lui faire honneur, ainsi qu'à sa cuisine.
Vivant presque de l'air, malgré sa bonne mine :
Enfin s'il le reçoit qu'il en sera content.
L'avocat y souscrit, le barbare traitant
Surprend notre héros dans un sommeil tranquille,
Il le prend dans ses bas, le transporte à la ville...

L'épouse de Robin, regardant sa prestance,
Dit : On, connoit à l'air les gens de conséquence,
Il nous dévorera pour garder son état;
Voisin trop attentif, remportez votre chat.
Mais, lui dit le traitant, si son aspect vous blesse
De l'envoyer noyer vous êtes la maîtresse...

Les faisans de Minet ne sont plus le partage.
Plus de carreaux, de lits, de sophas, quel orage!
De se voir écrouler avec rapidité

Du sein de l'abondance à la mendicité.
Ce n'est pas tout encore, on trouve en sa fourrure
De quoi se garantir d'une étroite froidure :
La peau de ce beau chat doit former un manchon...

L'infortuné Minet, changé, triste, éperdu,
Doit vivre désormais comme un enfant perdu :
On ne voit plus en lui ce velouté, ce lustre
Qui le fit autrefois nommer le chat illustre...

Un paneau de fenêtre ébranlé par le bruit
Se détache ; Minet saute, jure et s'enfuit.

EXTRAITS DU CHANT QUATRIÈME.

Notre héros, parti sans demander son reste,
Fait voir que la beauté peut être un don funeste.
Mais sans trop réflécbir quel en est le danger,
Il cherche dans Paris qui voudra le loger ;
Il le trouve bientôt, sur les pas d'une garde.
Un fameux médecin étoit tombé malade ;
Minet en sa maison entre indiféremment.
Pour être malheureux, en est-on plus prudent ?
Il monte sur le lit de ce grand personnage,
Ferme les yeux, s'endort. Oh quel heureux présage !
S'écria le docteur, profitons du secours,
Ce chat n'est envoyé que pour sauver mes jours ;
Il faut, tandis qu'il dort, le priver de la vie,
Et je m'en servirai contre ma pleurésie.
Ce projet inhumain peut-il partir de vous ?
Dit la garde. Ah ! plustôt tournez sur moi vos coups...

Ce discours incongru l'enflamma de colère,
Il allait se lever lorsque sa bile amère,
S'exprimant à longs flots par l'agitation,
Le tire heureusement d'une indigestion.
Ainsi hors de danger on le voit plus docile ;
Il consent que Minet, sain et sauf, et tranquille,
Demeure en son logis, veut qu'il y soit chéri,
Honoré, respecté, bien couché, bien nourri...

5.

Un jour qu'à des oiseaux qu'il désiroit surprendre
Il faisoit les yeux doux sans avoir le cœur tendre,
Une jeune beauté les vint venger soudain,
Et d'un regard fripon lui pénétra le sein :
D'une prude c'étoit la chatte favorite.
Cherchant quelque matou pour lui rendre visite,
Elle aborde Minet, lui dit en sa façon :
Que faites-vous céans, beau chat ? Et que dit-on ?
On dit, reprit Minet, que jusqu'à la folie
Je m'en vais vous aimer. Ah ! je vous en défie !...

Minet la suit de près, inquiet, agité.

Le chat, peu satisfait du prix de sa constance,
Pour l'éprouver aussi, feint de l'indifférence ;
Il quitte la goutière, auprès de son patron
Il se range, et bientôt en est le factoton
Inquiète à son tour, la chatte le rappelle,..

Elle tendit la patte, et ce couple fidèle
Des plus parfaits époux fut nommé le modèle,..

EXTRAITS DU CHANT CINQUIÈME.

J'entreprends de chanter la douleur excessive
De notre financière ; au moment qu'un voleur
En emportant son chat, emporta son bonheur...

Ce chagrin obstiné se tourne en fièvre quarte;
On court aux médecins, aucun n'y connoît rien.
Enfin, par un hasard que l'on devine bien,
Le maître de Minet visite la malade ;
De quelques mots latins d'abord il fit parade ;
Ces mots qui lui servoient pour sortir d'embarras
Lui même, à ce qu'on dit, ne les comprenoit pas :
N'importe, ce savant interroge la dame...

...Elle avoue enfin le tourment qui la gêne,
Le docteur en sourit : Pour finir votre peine,
Vous perdîtes un chat, j'en apporterai deux.
Il court prendre Minet, ainsi que son amante,
Et retourne au château. Du mal qui vous tourmente
Voici la guérison, ouvrez votre rideau,
Le chat que vous pleurez ne fut jamais si beau.
Avec quelque dédain elle suit l'ordonnance,
Par quelle illusion vois-je la ressemblance ?
Est-ce toi, cher Minet ? Ah ! c'est pour en mourir !
Viens et que cent baisers te marquent mon plaisir.
Le matou fatigué d'un excès de tendresse,
Des griffes, de la dent à son tour la caresse :
Il s'échappe du lit, va chercher son tendron,
Qui d'un vase de lait faisoit colation ;
Minet pour l'imiter ne se fit pas scrupule :
Fatale avidité ! composé ridicule,
L'émétique en ce lait étoit mis à foison ;
Il fut pour ces amans un funeste poison....

Les façons de Minet ayant passé le jeu,
La dame dans son lit en murmuroit un peu ;
Après l'avoir blâmé comme il est convenable,
On veut revoir encor ce bien-aimé coupable ;
Il faut l'aller chercher pour réparer son tort,
Une servante y court, et l'appercevant mort,
Elle frémit d'horreur et demeure glacée,
Vous n'en reverrez donc qu'une image effacée.. .

O ! ma chère maîtresse, ô retours superflus !
Le bien-aimé Minet n'égratignera plus.
Votre suisse attaqué d'un transport frénétique
Devoit prendre aujourd'hui quinze grains d'émétique,
Minet et son amante ont bû la potion,
Ils sont morts tous les deux dans la digestion .
Que faire à ce récit ? On tombe évanouie ;
La disgrace en effet paraissoit inouïe ;
Elle fait assez voir qu'il faut modérément
S'attacher à l'objet qui nous paroît charmant.
Grâce à l'heureux secours, qu'on trouve en l'eau des Carmes,
La dame ouvre les yeux, et se baigne de larmes.

Bravons, s'écrioit-elle, un destin rigoureux.
Que l'on cherche un sculpteur, qu'on amène Ducreux.
Que la postérité, par leur art informée,
Pleure avec moi le chat dont j'étois si charmée ;
Qu'un superbe tombeau, placé sous un laurier,
Éternise à la fois le chat et l'ouvrier.

HARANGUE D'HERMIONNE

A

SES PETITS CHATS NOUVEAU-NÉS.

Poème héroïco-burlesque

PAR LE SIEUR C*** L** M***

(A Nancy, chez Jean de la Rivière, libraire. M. D. CC. XXX. *Avec approbation*. In-8° de 70 pages.)

APPROBATION DES DOCTEURS,

Nous soussignés, docteurs en l'art de croquer les rats et souris, grands visiteurs et exterminateurs des couverts, goutières, gargoles, rigoles, etc., certifions avoir vû, lû, examiné, épluché et considéré *la sçavante Harangue de l'incomparable Hermionne à ses petits chats* nouveau-nés, dans laquelle nous n'avons rien trouvé qui ne soit très propre à l'éducation des nourissons de notre espèce; ainsi, après avoir mûrement considéré le tout, nous l'avons jugé non-seulement digne d'être mise sous la presse, mais encore nous invitons ceux et celles qui pour leur utilité veulent élever et conserver chez eux notre race, de s'en munir pour le bien de leurs maisons et l'éducation de leurs matoux et de leurs chattes. En foi de quoi, assemblés pour cet effet dans un grenier, nous avons signé les présentes de nos propres griffes, et fait contre-signer par notre premier greffier et secrétaire de nos commandemens, pour que foi entière y soit ajoutée. L'an de la fameuse bataille des chats avec les rats, quinze cent sept mille.

Signés sur l'original,

GRIMPECOUVERT.

CROQUESOURIS.

SANSQUARTIER.

Et comme greffier et secrétaire,

MICOMICON.

A très haut et très vaillant et très généreux Seigneur Dom Rominagrobis, marquis de Grippetout, comte de Patte-Alerte, généralissime de l'armée des chats, etc.

EXTRAITS DU POÈME.

Mais que, pour posséder ce beau titre de mère,
J'ai couru de dangers et souffert de misère !
Quand j'y songe à présent, j'en tremble encor de peur,
Et le seul souvenir m'en fait frémir d'horreur ;
Ai-je sauté les murs et faussé la clôture
Pour aller faire choix, parmi cent favoris,
D'un chat assez heureux pour être mon mari ?
Car pour vous faire naître et vous donner un père
Qui fust digne de vous, digne de votre mère,
J'ai, par mille amoureux et tendres miaoux,
Fait de tous les quartiers accourir les matoux....

Je me souviens toujours d'un aimable fausset,
Semblable au violon qui vibre sous l'archet,
Et dont les sons aigus, par leur délicatesse,
Du chat musicien exprimoient la tendresse :
Ce chat le mieux de tous me déclaroit ses feux,
En miaulant d'un air si doux et langoureux,
Qu'à ses tristes accens qui me faisoient pitié...
Une chatte de marbre eût été attendrie...

Je l'aimois ce beau chat, et si je l'ose dire,
Il ne me contoit pas vainement son martyre
Mais un fâcheux voisin, croyant mal-à-propos
Que nos chants l'ennuyoient et troubloient son repos,
Nous fit brutalement décamper sans lumière....

Pour moi sans faire cas des discours médisans,
Je n'ai point dédaigné la foule des galans,
Et pour les attrouper durant des nuits entières,
J'ai couru tous les toits et toutes les goutières.
Afin qu'entre plusieurs assemblés à la fois,
J'eus plus de liberté de faire un digne choix....

Mais ce monstre cruel qu'on nomme jalousie,
Des paisibles amours la mortelle ennemie,
Mit bientôt en querelle et en division
Ce grand nombre d'amans de toute nation....

Vous dirai-je comment la fortune propice
M'a cent fois retenue au bord du précipice,
Lorsque j'allois chercher des matoux complaisans,
Sur des toits que la pluie avoit rendus glissans ?
Combien de fois hélas ! ne grimpant qu'avec peine,
Pour vous donner la vie exposai-je la mienne !
Et pour jouir du bien de vous voir au berceau,
N'ai-je pas hasardé de me mettre au tombeau !
Trembler souvent de froid, et tant que la nuit dure,
Courir de toit en toit, de mazure en mazure,
Reposer rarement, m'enrumer au serain,
D'un sot chat quelquefois essuyer le dédain,
D'autrefois devenir, je ne sais pour quel crime,
D'un odieux matou misérable victime.

Ah ! pauvres petits chats, dont la vie m'est si chère,
Que vous coûtez de maux à votre pauvre mère ?....

Je n'ay jamais pensé qu'on pût suivre sans crime
Des mères sans soucis la barbare maxime
Qui, laissant leurs petits après les avoir fait,
Chargent d'autres des soins de leur donner du lait ;

Le poëme roule sur la *guerre des rats et des chats*, ou les exploits de Rominagrobis ; il n'a, selon nous, rien d'extraordinaire et qui mérite d'être cité.

HARANGUE

DE

DAME FLEUR D'EMPOULES

Veufve en la mort de son chat Mitouard à ses bonnes commères.

AVANT JEU. — D'UN CHAT MITOUART.

Le monde est bien mangé de rats, à faute de bons chats. Si le roy Pepiol, dernier de la race du bon Krakus, qui bastit la grand ville de Krakaw en Pologne, eust eu un couple de bons chats pour sa garde de corps, les rats sortant des charoignes pourries de ses oncles, qu'il avoit empoisonnés, n'eussent pas fait de lui une fricassée, comme ils firent. Si l'archevesque de Mayence en eust fait mourrir en son palais, les rats n'eussent pas fait une anathomie de son misérable et avaricieux corps, en vengeance de tant de pauvres gens de village, qu'il avoit fait brusler dans une grange en temps de famine, se vantant qu'il n'avoit fait mourrir que les rats en ceste ratière, et disant qu'aussi bien ces pauvres gens ne servoient qu'à ronger le grain. Si les habitants d'Abdère (pays du railleur Democrite) en eussent nourry chacun en sa maison, aussi soigneusement qu'on en a tousjours nourry en Égypte où on les adoroit, ou à Rome, ils n'eussent été contraincts d'abandonner leurs maisons, leur ville, leurs biens et leur pays à la mercy de cette vermine. Maintenant tout est plain de rats, rats de grenier, rats de palliz, qui veulent estre les maistres. Ce ne sont pas rats de Scithie ou de Sarmace, des peaux desquels on se servait anciennement, ainsi que le tesmoigne Justin, comme de bonnes et précieuses fourrures, que quelques-uns de ce temps ont bien osé appeler Martes subelines : ce sont rats à court poil, rats venimeux, qui mangent le travail d'autrui, qui vivent et ne font rien, qui sont si altérés, que de boire l'huile de la lampe du temple de Minerve, et si hardis de nous venir ronger les ongles du gros orteil, quand nous dormons. Qui est cause de cela ? Faute de bons chats, faute de veillans et surges mitoüars : car qui ne nourrit le chien et le chat, il est nécessaire qu'il nourrisse le larron et le rat.

HARANGUE.

Ce n'est pas d'aujourd'huy que je me suis bien apperceüe, mes bonnes et très chères dames, que rien ne peut long espace de temps estre durable. Les travaux sont longs et ennuyeux, les malencontres des hommes sont perpétuels et les fascheries qui nous bourrellent nuict et jour sans relasche, sont éternelles. Mais pour un long usage, je trouve que les consolations des chétifs mortels me semblent fort courtes et d'aussi peu de durée qu'une bouffée de vent. La mort se saisit tousjours des plus excellens, lesquels elle volle et assassine, moitié par force, moitié par cautelle et laisse l'usure de ceste vie aux meschans et aux faineans qui vivent plus que Tithon, que Nestor, que Priam et que la Sibille; au contraire ceux qui pourroient bien faire quelques bons fruits meurent avant qu'à peine on leur ait donné le loisir de naistre. Les dieux prévoyans bien que je me pourrois melancolier demeurant toute seule, m'avoient fait présent d'un beau et gentil chatton, mais la mort ennuieuse de mon bien en peu de temps me l'a osté à mon grand regret.

Mon chat me donnoit mille et mille passe-temps, et pour affin qu'il m'en donnast encor davantage, je luy avois l'année passée arraché la queue...

Je luy faisois tourner le rost et s'il ne l'eust osé regarder du coin de l'œil pour y toucher! Il tenoit encore les clefs de la despence...

Jamais il ne fit tort à personne, jamais il ne print rien de l'autruy, il fust plustost mort de male rage de faim ou eust mangé des oignons, viande de laquelle les chats ne sont guères frians, que de manger quelque chose qui luy eust esté donnée en garde...

Combien ay-je refusé d'offres que m'ont fait plus marchand que grand trafic, et plusieurs barons de haute chevalerie pour avoir mon chatton escourté, rondelet, marqueté de petites taches fort plaisantes à la vue...

(Extrait des *Regrets facétieux et plaisantes harangues funèbres du sieur Thomassin, sur la mort de divers animaux*. Dédié à Gautier Garguille. Rouen, D. Ferrand, 1632, in-12, pages 147 et suivantes.)

TRAITÉ RAISONNÉ

SUR

L'ÉDUCATION DU CHAT DOMESTIQUE

PRÉCÉDÉ

De son Histoire philosophique et politique et suivi du traitement de ses maladies (1)

PAR M. RATON, ANCIEN CHANOINE, ETC.

(Paris, Raynal, 1828, in-12 de 112 pages.)

EXTRAITS.

« Les chats dans l'ordre de la création sont nos aînés. Celui qui, par un effet de sa parole, fit éclore l'univers leur donna la liberté de courir les champs et

(1) C'est un ouvrage sérieux sur l'éducation et le traitement des chats, écrit comme celui de Moncrif en forme de lettres, seulement les lettres de Moncrif sont un travail autrement important pour l'histoire des chats.

Cet ouvrage est divisé ainsi :

Précis historique, etc., adressé à madame la supérieure du couvent des Visitandines.

Traité de l'éducation. Chap. Ier. Du chat sauvage et du chat domestique.

» » Chap. II. Des amours des chats.

Seconde lettre à la même. Chap. Ier. Education des chats

» » Chap. II. Maladies des chats.

de pourvoir à leur existence, et ils abusèrent cruellement de ce privilége. Nés avec des goûts voraces, naturellement indisciplinés et malins, ils ne voulurent contracter ni habitudes sociales ni alliance particulière. Ils se répandirent dans les forêts, déclarèrent une guerre à mort aux volatiles et aux petits quadrupèdes rongeurs et ils se rendirent bientôt célèbres par leurs meurtres et par leurs brigandages.

« Renfermés dans l'arche avec les autres animaux, ils se livrèrent, comme de coutume, dans cet asile de salut, à des désordres épouvantables ; ils mordirent les uns, égratignèrent les autres, déplumèrent les oiseaux, écorchèrent les lapins, poursuivirent les rats, et enfin ils firent tant de sottises, qu'ayant provoqué la mauvaise humeur du bon patriarche, il les exposa sur le tillac du bâtiment au moment de la plus grande averse du déluge. C'en était fait d'eux, si la tendre et sensible épouse du capitaine de vaisseau ne lui eût représenté énergiquement sa cruauté. Enfin, ils en furent quittes pour recevoir, pendant quelques heures, les eaux des gouttières célestes. Dès ce moment la reconnaissance entra dans leur âme; ils furent sensibles au dévouement de la femme de Noé, et ils lui vouèrent un éternel attachement. Ce sentiment d'amitié de la race primitive des chats fut si fortement imprimé dans leur âme qu'il devint héréditaire.

« Chaque pays a des chats particuliers. A Tobolsk, les chats sont rouges ; au cap de Bonne-Espérance, ils sont bleus; en Chine, ils ont les oreilles pendantes (1), au Japon, ils les ont redressées; dans l'Inde il y a des

(1) Cette espèce, unique dans son genre, se trouve dans la province de Pe-tche-li.

chats volants et des chats qui ont sur leurs côtés une poche dans laquelle ils mettent leurs petits; Pallas en a reconnu une espèce, en Russie, qui a le museau petit et pointu, et la queue six fois plus longue que la tête.... »

APPRÉCIATION DU CHAT

PAR

BUFFON.

« Le chat, dit ce célèbre écrivain, est un domestique infidèle, que l'on ne garde que par nécessité, pour l'opposer à un autre animal domestique encore plus incommode, et qu'on ne peut chasser, car nous ne comptons pas les gens qui, ayant du goût pour toutes les bêtes, n'élèvent des chats que pour s'amuser; l'un est l'usage et l'autre l'abus ; et quoique ces animaux, surtout lorsqu'ils sont jeunes, aient de la gentillesse, ils ont en même temps une malice innée, un caractère faux, un naturel pervers que l'âge augmente encore et que le naturel ne fait que masquer ; de voleurs déterminés, ils deviennent seulement, lorsqu'ils sont bien élevés, souples et flatteurs comme les fripons, ils ont le même penchant à la petite rapine. Comme eux, ils savent couvrir leur marche, dissimuler leur dessein, épier les occasions, attendre, choisir, saisir l'instant de faire le coup, se dérober ensuite au châtiment, fuir et demeurer éloigné jusqu'à ce qu'on les rappelle; ils prennent aisément des habitudes de société, mais jamais de mœurs, ils n'ont que l'apparence de l'attachement, on le voit à leurs mouvements obliques, à leurs yeux équivoques. Ils ne regardent jamais en face la personne aimée ; soit défiance ou fausseté, ils prennent des détours pour en approcher, pour chercher des caresses auxquelles ils ne sont sensibles que pour les plaisirs qu'elles leur font ; le chat ne paraît sentir que pour soi, n'aimer que sous conditions, ne se prêter au commerce que pour en abuser, et par cette convenance de naturel, il est moins incompatible avec l'homme qu'avec le chien, dans lequel tout est sincérité ; son naturel ennemi de toutes contraintes le rend indocile et incapable d'une éducation suivie. »

Quelle philippique, bon Dieu ! contre ces pauvres chats, si doux et si modestes en même temps qu'indépendants (voilà le grand grief), et quel holocauste en faveur de l'espèce canine.

EXTRAITS DES ŒUVRES

DE

Mme DESHOULIÈRES.

Lettre en chansons à M. Deshoulières, 1677.

SUR LE CHANT DE : LA GAILLARDE.

Revenez de l'étonnement
Ou vous a dû mettre ce compliment;
J'aime, il est vrai; mais, Dieu merci,
Une chatte fait mon souci.

SUR L'AIR : SI L'AMOUR ÉTOIT YVROGNE.

De mon aimable Grisette
Le nom est déjà connu;
Elle me rend inquiète
Plus que je n'aurois voulu;
Croyez-en la chansonnette
Qui par le monde a couru.

SUR L'AIR : SI LE PÉRIL EST AGRÉABLE.

Deshoulières est toujours ingratte
Pour ceux que ses beaux yeux ont pris;
Et son cœur, comme une souris,
Est pris par une chatte.

On a du même auteur la série de pièces suivantes, reproduites dans les *Chats*, de Moncrif.

Épître de Tata, chat de madame la marquise de Montglas, à Grisette, chatte de madame Deshoulières, octobre 1678.

Réponse de Grisette à Tata.

Blondin (1), *chat des Jacobins de la rue Saint-Honoré, à sa voisine Grisette; sur les rimes de la pièce précédente.*

Dom Gris (2), *chat de madame la duchesse de Bethune à Grisette.*

Mittin (3), *chat de mademoiselle Bocquet à Grisette.*

(1) Le chat Blondin donne beaucoup à penser sur la conduite de Grisette chatte, par ces quatre vers extraits de la pièce.

« Vous miaulez, dit-on, trop librement
« Après les faveurs amoureuses ;
« Enfin, vos voisins les matous
« Sont un peu trop sobres pour vous. »

(2) Pour dom Gris, je laisse à d'autres juges le soin de l'apprécier :

« Un chat qu'incessamment la fortune accompagne,
Qui se fait admirer des chattes de la cour,
Voilà ce qu'il vous faut ; non pas ce chat sauvage,
Ce Tata, qui languit au milieu des plaisirs,
Qui ne sçauroit, au plus, aller qu'au badinage,
Qui ne pourroit jamais contenter vos désirs. »

(3) Mittin nous donne le portrait de Grisette, il nous décrit de ses yeux

La charmante douceur et le brillant.

Regnault, chat des A....., à Grisette.

Réponse de Tata à Grisette.

Grisette à M. le maréchal duc de Vivonne, qui faisoit semblant de croire que madame Deshoulières avoit fait un mauvais rondeau qui couroit le monde.

Épître de Cochon, chien de M. le maréchal de Vivonne, à Grisette.

Réponse de Grisette à Cochon.

Généalogie de Grisette :

« Une chatte fut la figure
Que prit la reine des amours.
Et, comme elle est bonne princesse,
Pour éviter l'oisiveté
Elle contenta la tendresse
D'un jeune chat épris de sa beauté,
Tant qu'enfin la folle déesse.
Fit des chattons en quantité.
C'est de cette source divine
Que je tire mon origine. »

Et sa robe :

D'un petit gris beaucoup plus fin
Que le petit gris de lapin....

Et quelquefois, en galante minette,
Vous dresser sur vos pieds pour atteindre au miroir;
Prendre plaisir à vous y voir....

En amour, vous avez les plus belles manières ;
Vous n'allez point, par des cris scandaleux,
Promener sur les toits la honte de vos feux,
Ni vous livrer aux matous des gouttières.

La Mort de Cochon, chien de M. le maréchal de Vivonne, tragédie :

Le théâtre s'ouvre, et représente une terrasse de plain-pied aux gouttières.

Acteurs :

Grisette, chatte de madame Deshoulières, amante de Cochon.

Mimy, chat de mademoiselle Deshoulières, amant de Grisette.

Marmuse, chat de madame Deshoulières, confident de Mimy.

Cafar, chat des Minimes de Chaillot, député des chats du village.

Troupe de chats du voisinage.

L'Amour.

BENSERADE

Bouts rimés sur le chat de madame Deshoulières, insérés dans Moncrif.

SONNET.

Je ne dis mot et je fais bonne . . . . . . *mine*
Et mauvais jeu depuis le triste . . . . . . *jour*
Qu'on me rendit inhabile à l' . . . . *amour :*
Des chats galans, moi, la fleur la plus . . *fine.*

Ainsi se plaint Moricaut et . . . . *rumine*
Contre la main qui lui fit un tel. . . . . . *tour.*
Il est glacière au lieu qu'il étoit . . . . . *four ;*
Il exploitait, maintenant il. . . . . *badine.*

C'étoit un brave et ce n'est plus qu'un. . *sot;*
Dans la gouttière, il tourne autour du. . *pot;*
Et, de bon cœur, son sérail en . . . . . . *enrage.*

Pour les plaisirs il avoit un . . . . *talent*
Que l'on luy change au plus beau de son *âge.*
Le triste état qu'un état . . . . *indolent !*

LE CHAT.

EXTRAIT D'UN ARTICLE.

DE

TIMOTHÉE TRIM (LÉO LESPÈS)

(Inséré dans *le Petit Journal*, mardi, 6 septembre 1864).

On vient de publier, dans les journaux étrangers, un testament fait par un Anglais en faveur d'un chat, auquel il assure 100,000 livres de rentes qu'on devra dépenser pour son bien-être personnel.

Pour moi, le chat est une autorité dans une maison; — tandis que le chien reste au jardin, dans sa niche, le chat est sur les genoux de la maîtresse ou étendu sur des coussins au soleil.

Le chat d'un portier est aussi aristocratique que celui d'un sénateur...

Et que le mobilier soit noyer ou palissandre, il ne s'endort pas moins dans son hermine avec la gravité d'un conseiller au parlement.

On cite le chat de Fourier, qui semblait comprendre les théories abstraites de son maître, et qui eût préservé des rats le phalanstère rêvé.

On se souvient du chat de Guignol, qui reste témoin muet et insensible du duel éternel entre Polichinelle et le commissaire, ne prenant même pas parti pour l'autorité.

On se rappelle le chat Murr aux yeux étincelants, à la robe chargée d'éclairs, aux bonds nerveux, que le rêveur Hoffmann a placé dans ses contes les plus fantastiques.

On loue les chats de la grande poste de Paris, attachés à cette immense administration, et qui défendent contre les rats les lettres et les archives.

Mais on ne dit rien des chats de Richelieu. — Or, j'ai trouvé dans un vieux journal les détails ci-dessous qu'il importe de conserver à l'histoire.

Entre deux galeries était la chambre du cardinal de Richelieu, ornée avec une magnificence extrême. Il y avait un cabinet de travail attenant avec quelques autres cabinets, dont un servait à la *chatterie*.

On connaît la manie du cardinal pour les chats ; le matin, à son petit lever ou quand il étoit malade, il en avait toujours une douzaine autour de lui ou sur son lit, gambadant ou se battant à griffes courtoises.

Deux personnes étaient chargées de la chatterie ; elles restaient, non pas dans le palais même, mais dans les environs. Ces deux préposés à l'éducation féline se nommaient l'un Abel et l'autre Teyssandier. Ce sont eux qui venaient matin et soir donner à manger aux chats du cardinal.

Chacun de ces quadrupèdes avoit un nom qui lui était particulier. Voici quel était l'état de la troupe à la mort du cardinal, et les notes relatives au caractère de chaque chat, chatte, ou chaton. Cet état, qui est conservé dans une collection d'autographes, est signé du nom de Bois-Robert, poëte et quasi-bouffon du cardinal.

A l'époque de la mort de Richelieu, quatorze chats étaient en faveur, à savoir :

Mounard le Fougueux; Soumise; Serpolet; Gazette; Ludovic le Cruel; Mimie-Piaillon; Felinare; Lucifer; Lodoïska; Rubis sur l'ongle; Racan; Perruque; Pyrame et Thisbé.

Le cardinal, à sa mort, laissa des pensions à tous ses chats : aux uns, 20 livres ; à d'autres, 10 livres. Abel et Teyssandier eurent également 150 livres chacun pour continuer à les soigner.

Mais voyez les vicissitudes humaines : tous ces chats qui, pendant longtemps, n'avaient vécu que de pâtée au blanc de poulet, finirent le plus misérablement du monde. Une nuit ils furent pris en partie par les tambours des Suisses, qui les mangèrent en civet à l'hôtel du *Boudin généreux,* situé rue des Poulies.

Je préviens messieurs les chats que si, de nos jours, ils ont des ennemis, si ce grand peintre d'animaux, appelé Toussenel, leur tire des coups de fusil, si Nadar a des tressaillements nerveux en les voyant ouvrir et rentrer leurs ongles, si Buffon les accuse d'aimer mieux l'hôtel que l'hôte, le logis que l'habitant;

En revanche, notre bon et mélodieux Adolphe Adam en avait souvent un ou deux autour de son piano quand il composait.

Et l'un des plus grands poëtes de cette époque, Théophile Gautier, en possède une collection remarquable, depuis le chat sauvage, qui va chercher l'oiseau en grimpant au haut des arbres de son jardin, jusqu'à l'angora patricien, moelleusement enveloppé dans son précieux duvet.

LA CHATTE.

(Extrait de DELILLE : *l'homme des champs.)*

Laissez aux cabinets des villes et des rois
Ces corps où la nature a violé ses lois,
Ces fœtus monstrueux, ces corps à double tête,
La momie à la mort disputant sa conquête,
Et ces os de géant, et l'avorton hideux
Que l'être et le néant réclamèrent tous deux.
Mais si quelque oiseau cher, un chien, ami fidèle,
A distrait vos chagrins, vous a marqué son zèle,
Au lieu de lui donner ces honneurs du cercueil
Qui dégradent la tombe et profanent le deuil,
Faites-en dans ces lieux la simple apothéose :
Que dans votre élysée avec grâce il repose !
C'est là qu'on veut le voir ; c'est là que tu vivrais,
O toi, dont la Fontaine eût vanté les attraits,
O ma chère Raton, qui, rare en ton espèce,
Eus la grâce du chat et du chien la tendresse ;
Qui, fière avec douceur et fine avec bonté,
Ignoras l'égoïsme à ta race imputé.
Là je voudrais te voir, telle que je t'ai vue,
De ta molle fourrure élégamment vêtue,
Affectant l'air distrait, jouant l'air endormi,
Epier une mouche ou le rat ennemi,
Si funeste aux auteurs, dont la dent téméraire
Ronge indifféremment Dubartas ou Voltaire ;
Ou telle que tu viens, minaudant avec art,
De mon sobre dîner solliciter ta part ;
Ou bien, le dos en voûte et la queue ondoyante,

Offrir ta douce hermine à ma main caressante,
Ou déranger gaîment par mille bonds divers
Et la plume et la main qui t'adressa ces vers.

LE CHAT.

Tel nous aimons le chien, mais tel n'est point le chat ;
Indocile sujet, ami froid, hôte ingrat,
Serviteur défiant, cauteleux, égoïste,
Conservant avec nous son air sournois et triste,
De son butin sanglant se jouant sans pitié,
Fixé par l'habitude et non par l'amitié.
Mais soit qu'on juge l'homme ou le reste du monde,
Sur les exceptions la vérité se fonde :
Ainsi que des humains, les diverses humeurs
Changent des animaux les penchans et les mœurs.
Plus d'un chat sait aimer, et caresser et plaire ;
Moi-même j'ai du mien vanté le caractère ;
Long-temps de son poète il partagea le sort ;
J'ai célébré sa vie et déploré sa mort.

DELILLE. (*Les Trois Règnes.*)

L'HISTOIRE EN PANTOUFLES.

CHIENS ET CHATS.

Article inséré dans *la Presse,* du 14 sept. 1862, signé : DE L'ESTOILE.)

EXTRAITS :

Une étrange hérésie a été imprimée ici même, dimanche passé, par Xavier Aubryet. Au profit des chiens, il a osé malmener les chats.

Selon M. Xavier Aubryet, le chat est Caïn, Richelieu et Lacenaire; il divise l'humanité en chiens et en chats; selon lui, les bons sont des chiens et les méchants sont des chats. Il dit que le chien est l'ami de la maison. Le chat est bien plus : il est citoyen dans la maison, quand le chien n'en est que l'esclave.

L'homme, en battant le chien, apprend à mépriser ses semblables ; s'il veut battre le chat, il apprend à les respecter.

Le chien est l'ami de l'homme, dites-vous ; mais le chien, léchant les pieds de son maître qui le bat, n'est pas le symbole de l'amitié, c'est le symbole de la servitude.

J'aime les chats, j'en ai une douzaine qui sont tous frères, et je n'ai pas encore trouvé un Caïn. Ils vivent gaiement sous le même toit. Les uns sont blancs, les autres tigrés ; tous sont mouflus, car j'aime les chats bien habillés.

Parler de l'ingratitude des chats, c'est trop réimprimer une phrase toute faite.

Veut-on que les chats gardent des troupeaux ou qu'ils sauvent des hommes qui se noient? Après tout, s'il y a le chien du régiment, n'y a-t-il pas le chat du zouave? — Un brave, celui-là, qui a nourri son maître et qui a été mis à l'ordre du jour!

Quand je suis mordu par l'un de mes douze chats, je n'ai pas peur.

— En pouvez-vous dire autant de votre chien?

—Le cœur, dites-vous? Écoutez cette histoire:

Mme ***, une femme célèbre de l'avenue de l'Impératrice, avait trop d'amis pour qu'il restât une place à un chien ou à un chat; cependant, de temps en temps, les jours d'hiver, quand elle s'enfermait dans son petit salon pour peindre, elle trouvait un chat de gouttière, un chat plébéien, un chat sans feu ni lieu, qui venait se blottir entre les chenets et le paravent. Elle le voulait toujours chasser, mais il la regardait avec de grands yeux verts si intelligents, qu'elle lui accordait l'hospitalité.

Elle tomba malade; le chat, qui ne s'était jamais hasardé jusque dans la chambre à coucher, y vint tous les jours. A ses premières visites, il ne faisait que passer. Peu à peu, il demeura toute une heure; enfin, il ne voulait plus s'en aller. La dernière nuit, il la passa tout entière sous le lit de la mourante. Dès qu'elle expira, il s'enfuit en pleurant. Et le lendemain matin, on le vit se pendre à une branche fourchue d'un marronnier!

CHIEN ET CHAT

(Article de Louis Leroy, inséré dans le *Charivari* du 3 novembre 1865.)

EXTRAITS :

Moumoute, le chat des époux Dubois, couché nonchalamment sur un tabouret moelleux, le nez dans le feu, les yeux mi-clos, rêvasse à tout ce qui peut embellir et charmer la vie d'un chat...

Le fait est qu'il est charmant; il a l'air bon enfant tout plein. Un chien manquait à la ménagerie; la voilà maintenant au grand complet.

Un cri déchirant se fait entendre : c'est la patte de Moumoute qui s'est mise en rapport trop direct avec le nez de Black.

Les époux Dubois sont indignés de la conduite brutale de leur chat. Il est chassé honteusement de son tabouret et va réfléchir sous le piano aux dangers d'avoir la main trop leste.

Les réflexions de Moumoute sont non moins amères ; Hélas ! se dit-il, ma position est perdue. J'étais seul, il y a un instant, je trônais, je régnais sur mes maîtres, et voilà qu'une révolution de palais me précipite à bas de tous les siéges rembourrés. Oh ! misères du pouvoir ! cette petite boule de poils noirs sans queue ni tête, va me couper la pâtée sous la patte...

Tout s'use à la longue. Huit jours après cette scène douloureuse, le chien et le chat sont toujours mal ensemble, mais on peut les laisser seuls dans la même pièce...

SOURIS NOURRIE PAR UNE CHATTE.

LE MERCURE DE FRANCE. — AVRIL 1731, PAGES 704 ET SUIVANTES.

(Extrait d'une lettre écrite à M. D. L. R. par M A. C. D. V. D. le 19 janvier 1731.)

Le fait qu'on vous a rapporté plusieurs fois, en passant et en repassant par notre ville, lorsque vous fréquentiez la Normandie, et que vous me rappelez dans votre dernière lettre, avec prière de vous en bien marquer toutes les circonstances ; ce fait, dis-je, est très-certain, et tel que je vais vous le narrer.

En l'année 1664, dans cette ville d'Evreux, une chatte ayant mis bas ses petits chez le nommé Dupuis, rue Trienne, ce Dupuis trouva dans le même temps une nichée de souris dans sa maison, qu'il porta à sa chatte. Elle les mangea toutes, à la réserve d'une seule, qui par hasard se trouva cachée sous elle ; la petite souris suçoit le lait qui dégoutoit de la gueule des petits chats qui tettoient leur mère. Cette souris n'eut pas plutôt gouté du lait de la chatte, que celle-cy dépoüilla, pour ainsi dire, sa férocité et son antipathie naturelle, caressa la souris et la nourrit, avec ses petits chats. Quelques vieillards de ce tems-là certifient la chose comme témoins oculaires ; on la trouve écrite à peu près de même dans les Mémoires de feu M. Ruault, avocat d'Evreux, homme des plus sçavans, des plus curieux, des moins crédules de notre province, qui a laissé quantité de Mémoires historiques, et dont vous connoissez la réputation et les enfans ; voici comment finit le narré de notre illustre compatriote sur ce fait singulier : « Presque toute la ville » alla voir cette souris nourrie par une chatte; j'y allai » moi-même, et je vis un particulier prendre la » souris sous la chatte et la mettre au milieu de la » chambre. La chatte sortit aussi-tôt du lieu où elle » étoit, reprit la souris dans sa gueule, la reporta sans » lui faire aucun mal avec ses petits chats, et lui fit » des caresses surprenantes. »

Ce fait, encore une fois, dont j'ai entendu parler toute ma vie, et dont nous avons encore des témoins, se trouve tel que je viens de vous le dire dans les Mémoires d'un vrai sçavant, reconnu pour tel et incapable d'en imposer au public. Il fait même là-dessus quelques réflexions en physicien, et particulièrement sur le lait, qui a, dit-il, produit un effet si contraire à la nature de ces deux animaux ; mais je supprime et les réflexions et les conséquences qu'il en tire par rapport aux mères et aux nourrices, pour laisser à nos physiciens modernes une entière liberté de méditer et de s'expliquer sur un fait si extraordinaire.

L'HORLOGE.

LES CHINOIS VOIENT L'HEURE DANS L'OEIL DES CHATS.

Un jour, un missionnaire, se promenant dans la banlieue de Nankin, s'aperçut qu'il avait oublié sa montre, et demanda à un petit garçon quelle heure il était.

Le gamin du Céleste-Empire hésita d'abord ; puis, se ravisant, il répondit : « Je vais vous le dire. » Peu d'instants après, il reparut, tenant dans ses bras un fort gros chat, et le regardant, comme on dit, dans le blanc des yeux, il affirma sans hésiter : « Il n'est pas encore tout à fait midi. » Ce qui était vrai.

Pour moi, quand je prends dans mes bras ce chat extraordinaire, qui est à la fois l'honneur de sa race, l'orgueil de mon cœur et le parfum de mon esprit, que ce soit la nuit, que ce soit le jour, dans la pleine lumière ou dans l'ombre opaque, au fond de ses yeux adorables je vois toujours l'heure distinctement, toujours la même, une heure vaste, solennelle, grande comme l'espace, sans division de minutes ni de secondes, — une heure immobile qui n'est pas marquée sur les horloges, et cependant légère comme un soupir, rapide comme un coup d'œil.

Et si quelque importun venait me déranger pendant que mon regard repose sur ce délicieux cadran, si quelque génie malhonnête et intolérant venait me dire : « Que regardes-tu là avec tant de soin ? que cherches-tu dans les yeux de cet être ? y vois-tu l'heure, mortel prodigue et fainéant ? » Je répondrais sans hésiter :

« Oui, je vois l'heure ; il est l'Eternité ! »

CHARLES BAUDELAIRE.

(*Poëmes en prose.* Revue fantaisiste, 18e livr., 1er novembre 1861.)

LES

AVENTURES DE Mlle MARIETTE

PAR CHAMPFLEURY.

(*Paris*, 1863, *in*-12. — *Extraits*.)

VII

CLARISSE HARLOWE AU RABAIS.

Ce jour-là on reçut un cadeau de l'ami Thomas, qui cherchait une réconciliation en envoyant à Mariette un joli chat noir avec de grands yeux verts. Une lettre était jointe, qui constatait la généalogie du petit chat.

Ce cadeau fit un grand plaisir à Gérard, dont l'enfance s'était passée au milieu des chats, et qui semblait avoir retiré de cette intimité des rapports de physique et de caractère. La ressemblance venait de longues moustaches roides et peu fournies, qu'aucune brosse ni peigne n'avaient pu ramener à l'état de moustaches d'homme. Des clignements d'yeux fréquents faisaient croire aux gens que Gérard étudiait sournoisement les figures étrangères en fermant ses paupières.

Mariette partageait les goûts de Gérard; aussi le petit chat noir fut-il traité en ami.

Et dès lors il joua un grand rôle dans le ménage :

on l'habitua à jouer tranquillement et à ne pas quitter la chambre ; le matin, on le menait au Luxembourg pour lui faire prendre l'air.

XIX

AMOURS ÉTEINTES.

La mère de Gérard était en convalescence quand il arriva; il ne resta que quatre jours, trouvant le temps long, la ville triste et les habitants plus maussades que jamais. Mais ne sachant comment occuper ces longues journées de province, il mit en ordre quelques notes en mémoire du chat, dont le souvenir ne le quittait pas.

« 15 *juin* 184... — Moi qu'on dit rêveur, observateur et paresseux, jamais je n'atteindrai aux rêves, à l'observation et à la paresse du petit chat...

« Ses observations commencèrent à l'âge de cinq mois... Les chats ne communiquent pas facilement leurs impressions. Quelle supériorité les sépare du chien, cet animal tapageur qui ne saura jamais garder le fruit de ses observations !...

« 2 *juillet* 184... — Le chat me coûte cher... Je ne parle pas de sa nourriture... Un sou de lait le matin, deux sous de mou pour la journée...

« 19 *février* 184... — Mon ami a étudié longuement les chats ; il les arrête dans la rue, entre dans les boutiques où le chat médite accroupi sur le comptoir, les caresse et les magnétise de son regard.

« 10 *mars* 184... — Je lisais ce qu'il avait écrit (Buffon) sur la race féline.

« Le petit chat s'asseyait souvent, pendant que je feuilletais le volume, sur le coin de mon bureau... le sournois se doutait des accusations répandues à foison dans le livre contre sa race.

« Sous prétexte de grimper sur la fenêtre, il sauta dans l'encrier et éclaboussa de la façon la plus noire les œuvres de M. de Buffon, preuve de perfidie calculée, car jamais le petit chat ne fut maladroit de sa vie...

« 20 *avril* 184... — Les Parisiens, qui ne reculent devant aucun crime pour satisfaire leurs jouissances, emploient, à l'égard des chats, le procédé suivi en Espagne pour les porcs, en Italie pour les chanteurs, au Mans pour les poulets...

« Cette coutume atteint les chats quelques mois après leur naissance ; elle n'est que faiblement expliquée par la petitesse des appartements, l'absence de greniers et de caves. On veut un chat pour soi, un chat domestique, calme et sérieux. »

L'INSTINCT DES ANIMAUX

PAR BRASSEUR WIRTGEN

(Extraits insérés dans le journal *le Siècle*, 5 octobre 1865.)

Après avoir lu dans l'ouvrage de M. de Buffon l'article sur les chats, n'est-on pas tenté de faire un mauvais parti à ceux de ces animaux qui nous entourent ?

Mais encore à son point de vue sceptique, comment M. de Buffon a-t-il pu frapper du même anathème le chat et la chatte, car l'intelligence, l'affection sont infiniment plus développées chez la famelle que chez le mâle ?

En hiver, combien la vue se repose agréablement sur cette compagne proprette, gracieusement emmaillottée d'hermine, dont elle est toujours disposée à nous faire partager la chaleur ! En voyant la grâce nonchalante, le mol abandon qui règne dans sa démarche et jusque dans ses moindres mouvements, n'est-on pas amené à établir un rapprochement dont nos dames ne sauraient s'offenser ?

C'est dans cet état de séduction, et sans nul esprit de coquetterie, que souvent la chatte se présente à son maître. N'est-il pas d'humeur à la prendre sur lui, elle ira s'asseoir sur la chaise la plus rapprochée de la sienne.

Belle et silencieuse, son regard limpide cherchera son regard, et si l'homme ici n'a pas une intelligence au-dessous de celle de la bête, leurs yeux échangeront les choses les plus charmantes. Il s'engagera entre eux une causerie muette, aisée, caressante, sans recherche obligée d'esprit et où le cœur se sentira naturellement entraîné.

Dans ces doux frottements de tête dont la chatte semble heureuse, ne demande-t-elle pas un échange de l'affection dont elle nous donne les gages ? Quand elle vient sur nos genoux les pétrir en accompagnant son manége de ce bruit de rouet, du *ronron*, n'exprime-t-elle pas tout le bonheur que lui fait éprouver un contact direct avec son maître?

En résumé, si ma chatte me tourmentait, de mon côté, j'avais aussi mes exigences, et, comme il y avait entre nous un facile échange de bons procédés, les choses allaient au mieux.

Je me plaisais à voir l'adresse avec laquelle elle transportait ses petits. Etait-elle absente, je les installais dans un lieu éloigné. Mais aussitôt son retour, un à un, elle les rapportait pour ne pas vivre séparée de son maître.

Quand la progéniture était assez développée pour trotter et se culbuter gaiement loin du gîte maternel, son cœur alors me revenait sans partage; jalouse à l'excès, elle ne permettait plus que je leur fisse de caresses.

Mes lectures, qui nous isolaient par la pensée, la disposaient assez mal pour mes livres ; parfois sa petite tête venait se profiler sur la page que j'étais à parcourir; elle semblait chercher quel était le charme qui pouvait m'absorber ainsi; elle ne comprenait sans doute pas que le bonheur pût habiter au delà d'un cœur dévoué, quand il est présent.

Sa sollicitude n'était pas moins manifeste lorsqu'elle m'apportait des rats ou des souris : agissant en cela exactement comme si j'eusse été son fils. Elle traînait parfois à mes pieds des rats énormes, encore palpitants ; sa logique, sans doute, était d'offrir une venaison qui s'accordât avec la taille de son consommateur, car jamais elle ne présenta de telles pièces à ses petits.

Mais à ce dévouement succédait la déception : après avoir placé les produits de sa chasse sous mes regards, elle paraissait très-tourmentée de mon indifférence pour d'aussi bons morceaux.

FRAGMENT

DE

L'HISTOIRE DES DIEUX DE L'INDE

LE CHAT, LE BRACHMANE ET LE PÉNITENT.

Un roi des Indes, nommé Salangham, avoit à sa cour un brachmane et un pénitent, célèbres l'un et l'autre par l'excellence de leur vertu ; il en résultoit entr'eux une rivalité et une dissention qui causoit souvent des évènemens merveilleux.

Un jour que ces illustres athlètes disputoient devant le roi, sur le degré de vertu que l'un prétendoit avoir sur l'autre, le brachmane, outré de voir le pénitent partager avec lui l'estime de la cour, déclara hautement que sa vertu étoit si recommandable auprès du dieu Parabaravarastou, qui est, dans l'Inde, le roi des divinités du premier ordre, qu'à l'instant même il pouvoit, à son gré, se transporter dans l'un des sept cieux où les Indiens aspirent. Le pénitent prit au mot le brachmane; et le roi, qu'ils avoient choisi pour juge de leur différend, lui prescrivit d'aller dans le ciel de

Dévendiren, et d'en rapporter une fleur de l'arbre appelé Parisadam, dont la seule odeur communique l'immortalité. Le brachmane salua profondément le roi, prit son élan et disparut comme un éclair ; la cour resta étonnée ; mais on ne doutoit pas cependant que le brachmane ne perdît la gageure. Le ciel de Dévendiren n'avoit jamais été accessible aux mortels. Il est le séjour de quarante-huit millions de déesses, qui ont pour maris cent vingt-quatre millions de dieux, dont Dévendiren est le souverain; et la fleur Parisadam, dont il est extrêmement jaloux, fait le principal délice de son ciel.

Le pénitent avoit grand soin de faire valoir toutes ces difficultés, et s'applaudissoit déjà de la honte prochaine de son rival, lorsque tout à coup le brachmane reparut avec la fleur céleste, qu'il n'avoit pu cueillir que dans les jardins du dieu Dévendiren; le roi et toute la cour tombèrent d'admiration à ses genoux, et on exalta sa vertu au degré suprême. Le pénitent seul se refusa à cet hommage. « Roi, dit-il, et vous, cour trop facile à séduire, vous regardez l'accès du brachmane dans le ciel de Dévendiren comme une grande merveille ! Ce n'est que l'ouvrage d'une vertu commune; sachez que j'y envoie mon chat quand bon me semble, et que Dévendiren le reçoit avec toutes sortes d'amitiés et de distinction. » Il dit, et, sans attendre de réplique, il fit paroître son chat, qui s'appelloit Patripan: il lui dit un mot à l'oreille, et voilà le chat qui s'élance et qui, à la vue de cette cour extasiée, va se perdre dans les nues ; il perce dans le ciel de Dévendiren, qui le prend entre ses bras et lui fait mille caresses.

Jusques-là le projet du pénitent alloit à merveille ; mais la déesse favorite de Dévendiren fut frappée, comme d'un coup de foudre, d'un goût si emporté pour l'aimable Patripatan, qu'elle voulut absolument le garder.

Dévendiren, à qui le chat avoit d'abord expliqué le sujet de son ambassade, s'y opposa. Il représenta que Patripatan étoit attendu avec impatience à la cour du roi Salangham; qu'il y alloit de la réputation du pénitent; que le plus grand affront qu'on pût faire à quelqu'un, étoit de lui dérober son chat. La déesse ne voulut rien entendre; tout ce que Dévendiren put obtenir, fut qu'elle le garderoit seulement deux ou trois siècles, après lesquels elle le renverroit fidellement à la cour qui l'attendoit.

Salangham s'impatientoit cependant de ce que le chat ne revenoit pas; le pénitent seul avoit un front assuré; enfin ils attendirent trois siècles entiers, sans autre inconvénient que l'impatience; car le pénitent, par le pouvoir de sa vertu, empêcha que personne ne vieillît. Ce temps écoulé, on vit tout à coup le ciel s'embellir, et d'un nuage de mille couleurs sortir un trône formé de différentes fleurs du ciel de Dévendiren. Le chat étoit majestueusement placé sur ce trône; et étant arrivé auprès du roi, il lui présenta avec sa charmante patte une branche entière de l'arbre qui porte la fleur de Parisadam. Toute la cour cria victoire! Le pénitent fut félicité universellement; mais le brachmane osa à son tour lui disputer ce triomphe; il représenta que la vertu du pénitent n'avoit pas opéré seule ce grand succès; qu'on savoit le goût déterminé que Dévendiren et sa déesse favorite avoient pour les chats, et que sans doute Patripatan, dans cette merveilleuse aventure, avoit au moins la moitié de la gloire. Le roi, frappé de cette judicieuse réflexion, n'osa décider entre le pénitent et le brachmane; mais tous les suffrages se réunirent d'admiration pour

Patripatan, et depuis cet événement ce chat illustre fit les délices de cette cour, et soupa chaque soirée sur l'épaule du monarque.

La relation authentique, manuscrite, était en la possession de Fréret, de l'Académie des inscriptions et belles-lettres. Moncrif en a donné la reproduction, dans sa quatrième lettre sur les chats.

RICHARD WHITTINGTON (1)

Fils d'un pauvre mercier de Londres et passionné pour les voyages maritimes, il se présenta comme passager pour s'embarquer. On lui demanda avec quels secours il comptoit vivre dans le trajet : il répondit qu'il n'avoit pour toute richesse qu'un chat et le désir de se signaler. On fut touché de cette franchise noble avec laquelle il exposoit sa situation ; on le reçut lui et son chat, et le vaisseau fit voile. Comme ils étoient

(1) Que Whittington ait existé, c'est un point hors de doute ; il est également prouvé qu'il a été lord-maire de Londres ; c'est dans ce qui concerne son chat qu'est le nœud gordien de la question. Ici, messieurs, permettez-moi de définir le chat. Le chat est un animal domestique et à quatre pattes, dont l'emploi est de prendre les souris. Mais, quelque subtil qu'un chat puisse être quelque heureux qu'il soit dans ses expéditions, quel profit peut-on retirer de ses captures? Aucun tanneur ne corroie la peau des souris; aucune famille ne se nourrit de leur chair ; par conséquent Whittington n'a pu être redevable de sa fortune à un chat proprement dit. Quelle est la cause de cette erreur? C'est ce que je vais tâcher de faire voir.

Ce respectable négociant faisoit commerce sur nos côtes (d'Angleterre) ; pour ce commerce il fallait des vaisseaux ; Whittington en fit construire un, qu'il baptisa du nom de *Chat* à cause de sa légèreté...

(*Le célèbre chat de Whittington associé à sa gloire,* extrait du *Nabab,* comédie de Foote).

dans les mers de l'Inde, une tempête les surprit, et les fit échouer sur une côte, où bientôt les naturels du pays s'emparèrent de leur navire et de leurs personnes. Le jeune Anglois, portant son trésor dans ses bras, fut conduit, comme les autres, devant le roi ; et tandis qu'ils étoient à son audience, ils aperçurent un nombre immense de souris et de rats qui parcouroient le palais, et s'attroupoient jusques sur le trône du monarque, qui en paraissoit très-ennuyé. Whittington reconnut la voix de la fortune qui l'appeloit ; il ne fit que laisser aller son chat, et voilà un monde de souris et de rats étranglés, et le reste mis en fuite. Le roi, charmé de l'espoir d'être bientôt délivré du fléau qui désoloit ses Etats, entra dans des transports de reconnaissance. Il embrassoit tantôt ce chat libérateur, et tantôt le jeune Anglois, et pour accorder à l'un et à l'autre des marques dignes de sa reconnaissance, il déclara Whittington son favori, et donna à ce généreux chat le titre de généralissime de ses armées.

Whittington épousa la fille de son monarque, gouverna sagement pendant plusieurs années ce royaume, et enfin, gagné par l'amour de sa patrie, il obtint la liberté d'y retourner. Le monarque, en échange du chat qui lui fut laissé, lui donna un navire chargé de richesses.

A peine le jeune Anglois fut-il de retour en Angleterre, qu'il y fut élevé à la dignité de lord-maire de Londres et fut réélu jusqu'à une troisième fois en 1419, sous le règne de Henri V.

PARANGON DES NOUVELLES

(Bruxelles, Mertens et Gay, 1866 in-12.)

EXTRAITS.

« D'ung bonhomme qui avoit trois fils et qui en mourant ne leur laissa qu'un coq, une faucille et ung chat, et comment il arriva cependant que lesdits enfants devinrent riches.

« L'aîné eut le coq, le puîné la faucille et le cadet le chat.

« Les trois jeunes gens partirent dans trois directions différentes, chercher un pays où leur héritage fut inconnu, afin d'en tirer un parti avantageux.

« L'aîné arriva dans un royaume où la gent volatile étoit inconnue; il se feit présenter au roi et lui proposa son coq, bête merveilleuse qui avoit un bec de corne, une barbe de chair, le cri du diable, et marchoit à pas de larron; il a de plus, dit-il au roi, le mérite d'annoncer le jour. Pour s'assurer du fait, le monarque retint à coucher dans sa chambre le jeune homme, et vers minuit entendant le coq chanter, il lui demande ce qu'il disoit. Il dit, répond le maître du coq, que l'on étrille les cheveux. Après deux heures le coq rechanta. Que dit-il cette fois? Que l'on selle les chevaux. Après quatre heures, nouveau chant. Et cette fois? Qu'il annonçoit l'arrivée du jour. Enfin à cinq heures le coq ayant chanté de nouveau, cette fois le coq disoit que le jour étoit venu. Lors on ouvrit les fenêtres et l'on vit que réellement il faisoit un très-beau jour. Le roi, émerveillé d'un pareil animal, combla le garçon de présens et d'honneurs.

« Le puîné arriva dans un pays très-peu industriel, où la faucille étoit inconnue; les habitants, émerveillés d'un outil si commode pour faire les moissons, se cotisèrent et achetèrent fort cher cette faucille.

« Enfin le troisième arriva dans un pays ravagé par les rats et les souris, où le chat étoit inconnu, il se feit présenter au roi, lui offrit son chat, qui montra ses talents devant son nouveau maître en détruisant tous les rats qui se trouvoient à sa portée. Le roi combla de présens le cadet, qui s'en retourna rejoindre ses frères. Le chat resta dans le pays tant qu'il eut des rats et des souris, mais après, le roi et ses courtisans ayant voulu le tuer afin de se débarrasser de cet animal que l'on regardoit comme un être malfaisant, le pauvre chat fut obligé de quitter le royaume et l'on ne sait ce qu'il est devenu. »

Ne serait-ce pas là une des origines du Chat botté?

—

SANTEUIL, VICTIME DE L'AMOUR.

(*A Paris, an VI.*)

DÉCLARATION D'AMOUR D'UN MOINE A UNE JEUNE RELIGIEUSE.

(LES DEUX PREMIERS COUPLETS).

Beauté plus friande qu'un chat,
Sachez que je suis un rat
Mais un rat de figure aimable,
Un rat bien venu des souris,
Et qui n'eut jamais son semblable
Parmi tous les rats de Paris.

Quel chat oseroit s'approcher
Des lieux où je vais me nicher ?
Je ne suis que feu, que courage,
Je fais fuir les plus gros matous,
Et les chats qui vont au fromage
Redoutent mon juste courroux.

9.

JUGEMENT ET OBSERVATIONS

SUR

LA VIE ET LES OEUVRES, ETC., DE Mᵉ F. RABELAIS

OU LE VÉRITABLE RABELAIS RÉFORMÉ

Paris, Laurent d'Houry, 1699, in-12, ouvrage attribué à Bernier, auteur de *l'Histoire de Blois*.

Page 243.

..... « Tout cela n'a point le sel de cette épitaphe faite pour la chatte de M. L. D. D. L.

Cy gist une chatte jolie.
Sa maistresse, qui n'aimoit rien,
L'aima jusques à la folie.
Pourquoi le dire? On le voit bien! »

Ce quatrain se trouve reproduit dans *les Chats*, de Moncrif.

L'HOMME ET LE CHAT.

FABLE.

Un manant oublia d'enfermer son fromage.
Un jeune chat étoit dans la maison ;
Mais, quoique jeune encor, Raton
N'avoit besoin d'apprentissage
Pour savoir son métier : qui dit chat dit larron.
Ses pareils à deux fois ne se font pas connoître.
Celui-ci donc grippa le dîner de son maître,
Qui, de retour, fut étonné
Quand il vit que sans lui Raton avoit dîné.
Il aperçoit l'animal hypocrite
Tapi près du foyer dans un humble maintien.
Tu fais en vain la chatemite,
Lui cria le manant, et je te connois bien :
Ton père étoit un franc vaurien
Friand, escroc, et pour tout dire en somme,
Pendu pour ses beaux faits ; tu marches sur ses pas,
Larron de père en fils ; mais tu me le paîras.
Et sans plus différer il faut que je t'assomme.
Le crime est-il si grand ? repart le chat à l'homme ;
Vous êtes raisonnable, on le dit, je le crois;
Pourquoi donc vous en prendre à moi ?
Devez-vous me punir de votre négligence ?
Vous laissez sous mes yeux un mets qui m'a tenté.
Je ne vois pas, en vérité,
De quoi fouetter un chat en pareille occurrence :
Trouverez-vous jamais chat qui fasse abstinence ?
Il disoit vrai ; l'homme fut imprudent.
De la leçon faisons usage :
De peur de pareil accident,
Ne tentons point le chat, et serrons le fromage.

LE

VILLAGEOIS ET LE CHAT.

Un rustre en son armoire avoit mis un fromage,
Lorsque, par une fente, il aperçoit un rat.
Vite il y fit entrer son chat,
Afin d'empêcher le dommage.
Mais l'animal mis aux aguets
Mange le rat d'abord, et le fromage après.

LE BAILLY.

EXTRAIT

DES

NOTES DU POËME DU CHAT

DE DESHERBIERS.

L'an 1683, une jeune demoiselle pleuroit à chaudes larmes un beau chat qu'on lui avoit dérobé. Pour l'en consoler, on s'avisa de lui adresser un sonnet, dont les rimes n'étoient composées que de noms de villes et de provinces. L'invention étoit nouvelle.

Iris, aimable Iris, honneur de la Bourgogne,
Vous pleurez votre chat plus que nous Philisbourg (1);
Et fussiez-vous, je pense, au fond de la Gascogne,
On entendroit de là vos cris jusqu'à Fribourg.

Sa peau fut à vos yeux fourrure de Pologne,
On eût chassé pour lui Titi (2) de Luxembourg;
Il feroit l'ornement d'un couvent de Cologne;
Mais quoi, l'on vous l'a pris? On a bien pris Strasbourg (3)

(1) Forte place perdue par la France en 1672.
(2) Chien favori de Mlle d'Orléans.
(3) Strasbourg se rendit au roi de France en 1681.

D'aller pour perte, Iris, comme la Sienne
Se percer sottement la gorge d'une Vienne (1),
Il faudroit que l'on eût la cervelle à l'Anvers.

Chez moi le plus beau chat, je vous le dis, ma Bonne,
Vaut moins que ne vaudroit une orange, à Narbonne,
Et qu'un verre commun ne se vend à Nevers.

(1) Lame d'épée de Vienne en Dauphiné, alors en grande estime.

ÉPITAPHE DE LIROT

CHAT DE Mlle T... D...

Sur lequel Mademoiselle B... marcha sans y penser.

Ci-dessous gît Lirot, ce chat recommandable
Par son esprit, par sa beauté,
Que le pied de Philis par un coup déplorable
Sous ce marbre a précipité.

O vous ! chats étrangers qui passez dans ces lieux,
Et qui voyez les marques de sa gloire,
De quelque miaou tendre, religieux,
N'oubliez pas d'honorer sa mémoire.

*(Poésies diverses du sieur D****, S. L. 1718.)

EXTRAITS

DE

L'ENCYCLOPÉDIE DU XVIIIe SIÈCLE

DE DIDEROT ET D'ALEMBERT.

PARIS, 1751. — ARTICLE CHAT.

... Les chats domestiques diffèrent beaucoup les uns des autres pour la couleur et pour la grandeur... ils n'ont que vingt-huit dents, savoir, douze incisives... quatre canines... et dix molaires... Les mamelles sont au nombre de huit... Il y a cinq doigts aux pieds de devant et seulement quatre à ceux de derrière... En Europe les chats entrent ordinairement en chaleur aux mois de janvier et de février, et ils y sont presque toute l'année dans les Indes. On prétend que les femelles sont plus ardentes que les mâles...

... Les chattes portent leurs petits pendant cinquante-six jours, et chaque portée est ordinairement de quatre ou six petits, selon Aristote; cependant il arrive souvent dans ce pays qu'elles en font moins. La femelle en a grand soin, mais quelquefois le mâle les tue. Pline dit que les chats vivent six ans; Aldrovande prétend qu'ils vont jusqu'à dix... On a beaucoup d'exemples de chats et de chattes qui, sans être coupés, ont vécu bien plus de dix ans.

EMILE, OU DE L'ÉDUCATION.

PAR JEAN-JACQUES ROUSSEAU.

PASSAGE EXTRAIT DE LA PREMIÈRE PARTIE.

« Voyez un chat entrer pour la première fois dans une chambre. Il visite, il flaire, il ne reste pas un moment en repos, il ne se fie à rien, qu'après avoir tout examiné, tout connu. Ainsi fait un enfant commençant à marcher et en entrant pour ainsi dire dans l'espace du monde. »

DE LA TERRE A LA LUNE,

PAR JULES VERNE

(Feuilleton roman du *Journal des Débats*, 12 Novembre 1865.)

EXTRAIT DU CHAPITRE XXII.

Dans cette charmante bombe, qui se fermait au moyen d'un couvercle à vis, on introduisit d'abord un gros chat, puis un écureuil.

Le mortier fut chargé avec cent soixante livres de poudre et la bombe bien placée dans la pièce. On fit feu.

Cinq minutes ne s'étaient pas écoulées entre le moment où les animaux furent enfermés et le moment où l'on dévissa le couvercle de leur prison.

A peine la bombe fut-elle ouverte que le chat s'élança au-dehors, un peu froissé, mais plein de vie,

Mais d'écureuil point. On chercha. Nulle trace. Il fallut bien alors reconnaître la vérité : le chat avait mangé son compagnon de voyage.

HISTOIRE D'UNE GIBELOTTE;

PAR CHARLES DESLYS.

(Feuilleton du *Petit Journal*, 6 Novembre 1865.)

EXTRAITS.

« J'ai vécu, j'ai grandi, je suis né peut-être dans une baraque de toile, entre le père la Ressource et Frise-Poulet.

« Quant à Polichinelle, il ne tarda pas à être oublié. J'eus un autre ami; cet ami fut la Gibelotte!... C'était un gros chat roux et grisâtre, papelard et câlin. Frise-Poulet, qui souvent avait convoité la pauvre bête aux jours des maigres repas,.. l'avait ainsi baptisé: la Gibelotte.

« En tombant d'une gouttière, il s'était crevé l'œil gauche, ce qui lui donnait un air tout drôle et tout penaud. A cause de cette infirmité, le père la Ressource avait changé la mise en scène de toutes nos pièces; car Gibelotte étoit acteur, et quel acteur, monsieur!.., Comme il jouait la scène du commissaire! avec quelle bonhomie il recevait les coups de bâton de Polichinelle! »

Le pauvre chat était obligé de chercher lui-même sa nourriture, car on ne lui donnait rien.

Son maître reçoit un jour deux sous ; il court lui acheter du mou. En rentrant, ne trouvant pas le chat, il pose ce mou sur une table et lorsqu'il revient, tenant la bête dans ses bras, il voit Frise-Poulet occupé à faire cuire le mou dans une poêle, et le chat se trouve privé de cette petite douceur.

La Gibelotte vieillit, il est remplacé sur la scène par un chien ; son maître essaye de le consoler, Miaou !... lui répond le chat, pour lui témoigner son chagrin.

La Gibelotte reste seul un moment avec Frise-Poulet ; celui-ci s'en empare et le fait cuire avec assaisonnement de lard et d'oignons. Telle est la fin de ce pauvre chat.

SUR

LA MORT D'UNE CHATTE FAVORITE;

NOYÉE DANS UN VASE A POISSONS DORÉS

(PAR JEAN GAY, LE POËTE ANGLAIS).

Sur le bord d'un vase profond, que le pinceau le plus ingénieux de la Chine avait décoré de ramages et de fleurs azurées, l'attentive Selima se tenait penchée ; Selima, la chatte la plus grave et la plus réfléchie de son espèce : elle se mirait dans ce cristal liquide, étendu au-dessous d'elle.

Sa queue, interprète de ses sensations, exprimoit la joie : Selima voyoit, dans cette glace fidèle, son joli minois arrondi, ses moustaches blanches comme la neige, le velours de ses pattes, le moiré de sa robe peinte comme l'écaille de la tortue, ses oreilles de jais et ses yeux d'émeraudes ; elle voyait tous ses charmes, et filait en signe d'applaudissement.

Elle s'admirerait encore, si au fond du vase elle n'eût vu frétiller deux êtres d'un forme charmante, habitants enchantés de l'onde. L'éclatante couleur de leurs armures d'écailles fait briller des rayons d'or qui jaillissent du sein de la plus riche pourpre.

10.

Saisie d'admiration et agitée d'un ardent désir, l'imprudente Minette avance d'abord la moustache ; puis étend une griffe pour happer sa proie, mais en vain. Eh ! quel cœur femelle résiste à l'attrait de l'or? Quelle chatte a de l'aversion pour le poisson ?

Petite présomptueuse!... L'œil toujours enflammé de désir, elle étend de nouveau la patte ; de nouveau elle se penche, sans soupçonner le gouffre qui la sépare des objets de sa cupidité. (Le Destin, assis tout près d'elle, en sourit malignement.) Le bord étroit et poli du vase la trahit, les pattes lui glissent, Minette tombe et plonge.

Huit fois, soulevant sa tête au-dessus des flots, elle invoqua les divinités de l'onde, et par un miaulement plaintif, implora d'elles un prompt secours : mais nul dauphin ne parut, nulle neréide ne bougea; ni Suzanne, ni le cruel Tom n'eurent d'oreille. Hélas ! une favorite n'a point d'amis.

(*Épisodes*, *etc.*, *et autres pièces,* traduits par A. G. T. Br. Paris, an VII, p. 36.)

LA MORT D'UN CHAT FAVORI.

A MADAME VICTORINE RIANT.

C'était dans un riant parterre :
Les roses, filles du printemps,
Embaumaient les cieux éclatants
Des plus doux parfums de la terre.

Trilby courait par le jardin,
Se faisant jeu de toutes choses,
Des herbes, du sable, des roses.
Il arriva près du bassin.

D'abord, côtoyant le rivage,
Il en fit le tour, s'approcha,
S'enfuit, revint, puis se pencha.
O témérité du jeune âge !

Alors, quel prodige inouï !
Il voit, chaque fois qu'il s'avance,
S'avancer de même, en silence,
Un compagnon semblable à lui.

Ce sont bien des formes pareilles,
C'est bien son air doux et hardi,
Son front avec grâce arrondi,
Ce sont ses mobiles oreilles.

C'est bien son pelage soyeux,
Zébré de lignes chatoyantes,

Ses longues moustaches brillantes,
Les émeraudes de ses yeux.

Il regarde et frémit de joie ;
Son dos se gonfle avec amour ;
Sa queue en ondoyant contour
S'étend, se roule et se reploie.

A son plus léger mouvement,
La vision enchanteresse
Semble lui rendre sa caresse
Et se rapprocher doucement.

Il se penche, se penche encore ;
Son mauvais destin l'a poussé,
Dans l'eau trompeuse il a glissé,
Et la vision s'évapore !....

Vainement trois fois sur les flots
Il releva sa tête humide,
En invoquant la néréide
Qui resta sourde à ses sanglots.

Au milieu de l'herbe embaumée
Voyez-le maintenant glacé ;
Les ondes ne nous ont laissé
Que sa dépouille inanimée.

Ses yeux ne se rouvriront plus ;
Vainement sa mère plaintive
Fera retentir sur la rive
Ses gémissements superflus.

Adieu pour jamais sa tendresse
Qui vous amusait tous les jours.
Adieu ses pattes de velours
Et sa doucereuse allégresse !

Jamais plus vous ne le verrez,
Étalant sa grâce coquette.

De sa tête aujourd'hui muette;
Caresser vos pieds adorés.

Vos légers pelotons de soie
Se reposeront désormais;
Il ne lui seront plus jamais
Un sujet de jeux et de joie.

Que de biens en un jour perdus!
Pour tant de beauté, tant de charmes,
Madame, gardez quelques larmes,
Votre joyeux Trilby n'est plus!

PROSPER BLANCHEMAIN.

VERS

ADRESSÉS PAR LE CHEVALIER DE BEAUVEAU A BRILLANT,
CHATTE DE LA MARÉCHALE DE LUXEMBOURG.

Jusques aux deux bouts de la terre,
Brillant, vos attraits sont connus.
D'Amourette vous êtes mère,
Des chats vous êtes la Vénus.
De votre grâce enchanteresse
Tout est charmé, tout parle ici :
Luxembourg est votre maîtresse,
Que n'est-elle la mienne aussi !

SONNETS

EXTRAITS DES FLEURS DU MAL.

PAR CHARLES BAUDELAIRE.

LES CHATS.

Les amoureux fervents et les savants austères
Aiment également, dans leur mûre saison,
Les chats puissants et doux, orgueil de la maison,
Qui comme eux sont frileux et comme eux sédentaires.

Amis de la science et de la volupté
Il cherchent le silence et l'horreur des ténèbres;
L'Erèbe les eût pris pour ses coursiers funèbres.
S'ils pouvaient au servage incliner leur fierté.

Ils prennent en songeant les nobles attitudes
Des grands sphinx allongés au fond des solitudes,
Qui semblent endormis dans un rêve sans fin.

Leurs reins féconds sont pleins d'étincelles magiques,
Et des parcelles d'or, ainsi qu'un sable fin,
Etoilent vaguement leurs prunelles mystiques.

Viens mon beau chat, sur mon cœur amoureux ;
    Retiens les griffes de ta patte,
Et laisse-moi plonger dans tes beaux yeux,
    Mêlés de métal et d'agate.

Lorsque mes doigts caressent à loisir
    Ta tête et ton dos élastique,
Et que ma main s'énivre du plaisir
    De palper ton corps électrique,

Je vois ma femme en esprit. Son regard
    Comme le tien, aimable bête,
Profond et froid, coupe et fend comme un dard,

    Et, des pieds jusques à la tête,
Un air subtil, un dangereux parfum,
    Nagent autour de son corps brun.

I

Dans ma cervelle se promène,
Ainsi qu'en son appartement,
Un beau chat, fort doux et charmant ;
Quand il miaule, on l'entend à peine,

Tant son timbre est tendre et discret ;
Mais que sa voix s'apaise ou gronde,
Elle est toujours riche et profonde.
C'est là son charme et son secret.

Cette voix, qui perle et qui filtre
Dans mon fonds le plus ténébreux,
Me remplit comme un vers nombreux
Et me réjouit comme un philtre.

Elle endort les plus cruels maux
Et contient toutes les extases;
Pour dire les plus longues phrases,
Elle n'a pas besoin de mots.

Non, il n'est pas d'archet qui morde
Sur mon cœur, parfait instrument,
Et fasse plus royalement
Chanter sa plus vibrante corde,

Que sa voix, chat mystérieux,
Chat séraphique, chat étrange,
En qui tout est, comme en un ange,
Aussi subtil qu'harmonieux!

II

De sa fourrure blonde et brune
Sort un parfum si doux, qu'un soir
J'en fus embaumé, pour l'avoir
Caressée une fois, rien qu'une.

C'est l'esprit familier du lieu;
Il juge, il préside, il inspire
Toutes choses dans son empire;
Peut-être est-il fée, est il Dieu?

Quand mes yeux, vers ce chat que j'aime,
Tirés comme par un aimant,
Se retournent docilement
Et que je regarde en moi-même,

Je vois avec étonnement
Le feu de ses prunelles pâles,
Clairs fanaux, vivantes opales,
Qui me contemplent fixement.

LE CHEVALIER DUVET

CHAT DE L'ABBAYE ROYALE DE CHANOINESSES DE MONTIGNY EN FRANCHE-COMTÉ.

POËME EN DEUX CHANTS

PAR ÉTIENNE DE LAFARGUE

(Imprimé dans les *Mélanges de littérature et d'histoire*, Paris, 1787, in-8°, t. 1er, pages 151 à 168.)

EXTRAITS :

Dieu du jour, prête-moi ces vers
Dont une muse délicate (1)
Chanta tendrement une chatte
Moins digne de tes beaux concerts.
Si tu veux que je te demande
Encore une faveur plus grande,
Donne-moi ce talent secret
Dont Gresset, ce peintre des Grâces,
De son immortel perroquet
A chanté les tristes disgrâces.
Je t'implore pour un sujet
Qui de Vert-Vert n'a point les crimes.
Ce beau chat mérite les rimes,
Je peins le chevalier Duvet...

L'enceinte de cette abbaye
De mon héros fut le berceau...

(1) Mme Deshoulières.

Le chevalier Duvet naquit,
Le printemps renaissant à peine...

Ce chat, dans sa troisième année,
Chez les matous est un géant.
Il a les yeux d'un bleu brillant.
Son énorme tête est ornée
Des moustaches qui du moufti (1)
Parent la figure sacrée.
Elle est moins ronde que carrée.
Son long poil est d'un gris bruni,
Plus doux encore que la soie
Qu'à ses velours Gênes emploie.
Comme au pays de Mahomet
Les rivaux ne sont point de mode,
Aussi le chevalier Duvet
Aux chats voisins n'est pas commode.
Tel qu'un coq fier dans son courroux,
Haut comme un cèdre sur ses pattes,
Durement à toutes les chattes
Il interdit tous les matous...

L'abbaye ainsi de sa race
Toute peuplée en un clin d'œil,
Les rats y furent dans le deuil...

Prétendroit-on après cela
Qu'avec les qualités qu'il a,
Ce matou n'eût point un seul vice ?
Dans un lieu comme celui-là
On peut avoir quelque caprice.
Quel crime lui reproche-t-on ?
Il est vrai, le petit fripon,
Égratignant les Vénérables,
A ses désirs moins favorables,
Fait doucement, à sa façon,
Patte de velours aux Novices,
Que l'âge lui rend plus propices...

(1) Grand-prêtre des Turcs.

J'ai deux fois en deux ans, moi-même,
Transporté dans ces lieux lointains,
Éprouvé sa douceur extrême,
En le caressant de mes mains.
Mais j'ai vu d'autres mains fâcheuses,
En feignant de le caresser,
Sous ces apparences trompeuses
A contre-poil le rebrousser.
Par force alors changeant de note,
Il préludoit en fu !.. fu !.. fu !.... (1)

Il fait mille tours à ravir.
Surtout sensible à vos caresses,
Il vous baise, mes chanoinesses,
Mais proprement, c'est un plaisir.
Ingénieux dans ses prouesses,
Pour tâcher de vous divertir,
Il fait le mort, cherche et rapporte,
Donnant la patte comme un chien.
Il sait très-bien fermer la porte,
Et lorsque sur lui l'entretien
Roule dans votre aimable escorte,
On s'étonne de son maintien.
Il joue adroitement son rôle.
Il est modeste. Rien enfin
Ne lui manque que la parole.
Il est propre comme un lapin.
En gaîté son humeur abonde.
Il est sensible, il est charmant.
Au rang des merveilles du monde
Il seroit placé justement.
Plus matinal qu'une novice,
Souvent il assiste à l'office, etc.

Cette jolie pièce, extrêmement rare et même inconnue, puisqu'elle n'a été insérée que dans un recueil au-

(1) Allusion à l'espèce de jurement des chats irrités.

jourd'hui presque introuvable, nous est communiquée par l'obligeant bibliophile Jacob; elle est due à un avocat estimé du parlement de Pau, Étienne de la Fargue, né à Dax en 1728, auteur de plusieurs bons ouvrages qui le firent admettre successivement dans les académies de Bordeaux, de Caen et de Lyon, et mort en 1795.

LES CHATS

DEUXIÈME PARTIE.

ANECDOTES, CHANSONS, PROVERBES, SUPERSTITIONS, PROCÈS, ETC.

ANECDOTES, ETC.

ORIGINE DE L'ESPÈCE CHATTE.

Hécate, nommée aussi *Proserpine*, reine des enfers, était, suivant la mythologie grecque, *Diane* sur la terre et *Lune* dans les cieux, et était adorée chez les Égyptiens sous le nom d'Isis.

Hécate, créa, à l'image du lion, un chat ; Apollon, par dérision, fit paraître une souris ; mais le chat, jaloux de l'honneur de sa maîtresse, sauta sur la souris et la croqua. (Extrait des *Hiéroglyphes*, de Pierius, livre XIII, chap. 38).

Une fable arabe nous apprend que les rats s'étoient multipliés dans l'arche, et rongeoient sans aucune discrétion la pâture des autres animaux. Noé résolut de les détruire, et se trouvant auprès du lion, il lui donna un soufflet ; ce soufflet causa au lion un éternuement, et de l'éternuement sortit un beau chat (Murtadi, *Traité des merveilles*, trad. en françois, par Valtier, 1665).

Moncrif, dans ses *Chats*, raconte l'anecdote suivante, qu'il dit tenir de Mulla, ministre de la religion musulmane, qui accompagnait en France l'ambassadeur de la Porte.

« Les premiers jours que les animaux furent enfermés dans l'arche, étonnés des mouvemens de la barque et du nouveau séjour qu'ils habitoient, ils restèrent chacun dans leur ménage... Le singe fut le premier qui s'ennuya de cette vie sédentaire ; il alla faire des agaceries à une jeune lionne... Ce fut des amours du singe et de la lionne que naquirent un chat et une chatte... »

AMÉRIQUE.

Pietro della Valle soutient qu'on trouva, dans le Nouveau monde, des chats sauvages pareils à ceux de nos pays ; il rapporte qu'un chasseur en apporta un à Christophe Colomb ; ce chat était d'une grosseur ordinaire, il avait le poil gris-brun, la queue très-longue et très-forte. Desmarets soutient qu'il n'existe point de chats sauvages originaires du Nouveau monde, et dit que cette méprise, qu'il avait faite lui-même dans la première édition du *Dictionnaire d'histoire naturelle,* vient du mot *wild cat* (chat sauvage), que les Anglo-Américains donnent au lynx.

ANGLETERRE.

Fox, le célèbre ministre anglais, paria un jour avec le prince de Galles, plus tard Georges IV, qu'en parcourant tout Regent-street dans sa longueur, lui d'un côté, le prince de l'autre, il verrait beaucoup plus de chats que Son Altesse.

Le pari fut tenu, le prince de Galles, invité à choisir le côté de la rue qui lui conviendrait le mieux, prit celui où se trouvait l'ombre, car la chaleur était accablante.

Ce que Fox avait prévu arriva, le prince n'aperçut aucun chat, tandis que le ministre en vit à presque toutes les portes.

Mistress Herbert arrive toute désolée devant M. Selfe, juge du tribunal de police de Westminster : elle a perdu son chat! non pas que l'animal fut égaré; la chose est beaucoup plus grave; il a été méchamment mis à mort par un voisin.

M. Selfe : Que venez-vous demander ?

Mistress Herbert : La punition d'un homme qui s'est égaré au point de commettre un crime.

M. Selfe : Oh ! oh ! Voici qui est grave; quel crime a-t-il commis ?

Mistress : Il a tué mon petit chat ce matin !...

Mistress, au juge, qui lui demande si elle a fait assigner l'accusé en dommages et intérêts : De l'argent ! de l'argent pour mon chat ! un procès de spéculation ! non, non, jamais ! Ce que je veux, c'est obtenir une vengeance éclatante et faire punir cet homme pour sa conduite cruelle envers mon chat.

(*Gazette des Tribunaux,* 15 nov. 1865.)

Une vieille dame, accompagnée d'un joli *King's Charles*, entre chez un pâtissier. Un chat, caché dans le fond du magasin, saute sur le chien; sa maîtresse vole à son secours et, dans son empressement, renverse et brise une table. Citée par le pâtissier devant le juge pour payer le dommage, la dame allègue pour défense le danger couru par son favori. Mais le juge, nouveau Salomon, décide que le chat était dans son droit, puisqu'il se trouvait chez lui, tandis que le chien n'était qu'un intrus. La vieille dame est donc forcée de payer la table, heureuse encore en songeant qu'à ce prix elle a sauvé les jours de son chien fidèle.

(*La Patrie*, 23 nov. 1865.)

Voici un fait rapporté par un journal anglais, et qui contredit l'opinion généralement reçue que les chats tiennent plus à la maison qu'à leur maître.

« Un individu, nommé Marsh Allen, demeurant à Willoughton, et étant d'une très-délicate santé, se rendit, il y a cinq semaines, à Hull, pour s'y faire traiter par un médecin. Il laissa à Willoughton son chat, qui n'a pas encore un an. Allen était depuis quelque temps établi à Hull, lorsqu'il crut apercevoir un chat sur le mur d'une cour derrière la maison qu'il habite, 33, Osborne-street. Il se mit à appeler négligemment Pussy (c'était le nom de son chat). Quel fut son étonnement lorsque l'animal s'élança du mur sur ses épaules, se roula sur sa poitrine, lui lécha la figure et lui donna toutes les marques de la plus grande affection !

« C'était bien son chat qu'il avait laissé à Willoughton. Les griffes de la pauvre bête étaient complétement usées à force d'avoir marché, et il paraissait avoir extrêmement souffert de la fatigue, des privations et de la faim. Comment a-t-il pu passer la rivière Humber et faire tout le trajet de Willoughton à

Hull, 50 milles environ? C'est ce qu'on ne s'explique pas. »

CARESSE.

Le chat aime à être câliné, flatté, caressé ; il est fier et orgueilleux d'être amadoué par sa maîtresse, ce qui a fait dire à Régnier :

« Je devins aussi fier qu'un chat amadoué.

CATOPHILES.

Charles-Antoine Bertinazzi, si connu sous le nom de Carlin, arlequin de la Comédie italienne, né à Turin en 1710, aimait beaucoup les chats et en était toujours entouré. Il les appelait ses maîtres, et on reconnaissait, dans ses gestes, les traces de l'école. Il faisait, de sa batte, tout ce que le chat fait de sa queue.

Cailhava raconte dans son Théâtre, publié en 1780, que, dans une répétition pour le *Tuteur dupé*, un acteur se fait attendre une heure et demie. « Il arrive avec l'air d'un homme accablé sous le poids des myrtes qu'il vient de cueillir. Il *n'a pas fermé l'œil de la nuit ;* il *avait oublié net la répétition.* Il fait une légère excuse à ses camarades, lit son rôle d'une voix éteinte. Mademoiselle Hus, placée à côté de lui, ne l'entend point et le prie de recommencer la phrase. « Ah ! l'on « ne m'entend pas ! cela est fort plaisant : et faut-il re- « commencer cette belle phrase? Quoi ! cette sublime « phrase ! Quoi !... » Il bouda, fut se jeter dans un fauteuil au fond de la salle, et allait s'y endormir, quand un personnage bien plus intéressant que moi vint captiver l'attention de mes juges. C'était un chat. Le nouvel acteur, paré d'une belle fourrure blanche et d'une queue bien touffue, se montre sur un toit auprès d'une fenêtre. Soudain l'assemblée est en l'air, mon dormeur aussi. — « Minet, Minet! — Un tel, voici ta scène. — J'y suis. — Qu'il est joli! — A vous, mademoiselle. — Que ses maîtres vont le regretter! — A toi. — Oui, pour mon beau rôle qui n'a pas vingt lignes. — Et le mien qui a vingt pages, c'est bien pis. — Minet, petit, petit!... » Minet, bien plus heureux que moi, s'échappe. Enfin moitié, *chat,* moitié *fourrure,* moitié *queue,* moitié *rôle,* on achève la répétition. »

Théophile Gautier, dans ses *Jeunes-France,* dit :

« Les pachas aiment les tigres, moi j'aime les chats : les chats sont les tigres des pauvres diables. Hormis les chats, je n'aime rien, je n'ai envie de rien, je n'ai qu'un sentiment, c'est que j'ai froid et que je m'ennuie. »

Le grand Colbert, ministre de Louis XIV, avait toujours des petits chats folâtrant dans son cabinet de travail.

Le marquis de L... ayant obtenu les faveurs de la Grandi, danseuse à l'Opéra, lui demanda ce qui lui ferait plaisir. Elle parla de *chatons,* qui s'assortiraient à merveille avec un collier qu'elle avait. Le surlendemain, il arriva à mademoiselle Grandi une corbeille pleine de petits chats. Lorsque Sophie Arnould revit sa camarade, elle lui dit : « Je ne suis point surprise de ce qui t'arrive, ma chère Grandi ; tes souris doivent attirer les CHATS. » (*Arnoldiana*, p. 230.)

—

Le duc de Lévis, dans ses *Souvenirs*, raconte l'amour de madame de Mirepoix, une des plus grandes dames de la cour de Louis XV, pour les chats. « Ils étaient les plus jolis du monde ; c'était une race d'angoras gris, tellement sociables qu'ils s'établissaient au milieu de la grande table de loto et poussaient de la patte, avec leur grâce ordinaire, les jetons qui passaient à leur portée. J'ai souvent eu l'avantage de faire leur partie. »

—

« Les femmes turques montrent peu d'attachement à la loi de Mahomet ; elles ne se croient pas obligées d'exécuter tout ce que leur a commandé un homme qui a donné à son chat la préférence sur elles, en le mettant dans son paradis, d'où il les a exclues. C'est qu'elles ignorent ou feignent d'ignorer que ce vénérable chat était un *virtuose*, c'est-à-dire un saint personnage. Voici un trait de son histoire. Le minet du Prophète était un jour couché sur une manche de la veste de son maître, et il méditait si profondément sur un passage de la loi, que Mahomet, que l'heure appelait à la prière, n'osant le tirer de son extase, coupa sa manche pour ne pas le déranger. A son retour, il trouva son chat qui revenait de son assoupissement extatique, et qui, voyant sous lui la manche que Mahomet avait coupée, reconnut l'attention de son maître pour lui. Il se leva pour lui faire la révérence, dressa sa queue et plia son dos en arc pour lui témoigner plus de respect. Mahomet, qui comprit à merveille ce que cela signifiait, assura au saint homme de chat une place au paradis. Ensuite, lui passant trois fois la main sur le dos, il lui imprima par cet attouchement la vertu de ne jamais tomber sur cette partie : de là vient que les chats retombent toujours sur leurs pattes. J'ai souvent entendu de vénérables Turcs faire très-sérieusement ce conte, qu'il serait dangereux de tourner en ridicule en leur présence. »

Telle est la narration de cette anecdote que l'on trouve dans le *Cousin de Mahomet*, ouvrage qui, bien qu'il ne soit qu'un roman, est bien informé sur les choses de l'Orient. Tournefort, dans son *Voyage du Levant*, se borne à faire allusion à cette historiette en quelques mots. « Mahomet, dit-il, un jour, étant consulté sur quelque point de religion, aima mieux couper le parement de sa manche, sur lequel son chat reposait, que de l'éveiller en se levant pour aller parler à la personne qui l'attendait. »

Parmi tous ses sectateurs, Mahomet s'étant pris de la confiance la plus intime pour Abderrham, voulut l'illustrer en lui donnant un titre éclatant ; il le surnomma donc : *Abuhareira*, c'est-à-dire, le Père du Chat. (*Vie de Mahomet*, par Prideaux, pages 127 et 128.)

Montaigne se récréait à étudier les actions de son chat. (Moncrif, *les Chats*, lettre 7.)

Pétrarque, après la mort de sa Laure, s'était retiré à Arqua, près de Padoue, où un chat faisait le charme unique de sa solitude. On y trouve encore sur le mur de sa retraite des vers de la main de Quarengo, composés en mémoire de ce fait. Le squelette de l'animal est conservé au musée de Padoue.

Les amis de madame de la Sablière, qui avait passé une partie de sa vie au milieu des chiens, furent très étonnés de les trouver tous exilés et de voir à leur place une troupe de chats. On lui demanda la cause de ce changement et elle avoua qu'ayant éprouvé qu'on s'attachait avec passion aux chiens, ce qui lui paraissait peu raisonnable, elle s'était déterminée à n'avoir que des animaux dont le commerce ne mène pas plus loin qu'on ne veut. C'étaient les chats, et les noirs encore, qu'elle avait choisis. Le contraire de ce qu'elle désirait arriva ; elle s'amusa d'eux pour commencer et à la fin elle ne voulut plus admettre dans son intimité que ses chats et la Fontaine, qui devinrent son unique société jusqu'à sa mort.

Le Tasse, dans un de ses moments de dénûment et de misère, n'ayant pas de chandelle pour écrire, pria sa chatte, par un joli sonnet, de lui prêter durant la nuit la lumière de ses yeux.

Zoé, épouse de Constantin Monomaque, empereur

de Constantinople dans le XIe siècle, eut un chat qui avait sa place à la table impériale, où il dînait dans un service d'or. (Zonatas, lib. 17.)

LE CHAT ET L'ENFANT.

Je me promenais dans l'allée qui forme le boulevard au bout du village ; j'entends un gémissement plaintif qui me semblait descendre des arbres ; je lève la tête, et je vois, cramponné tout en haut d'un des plus jeunes peupliers, un tout petit chat. Comment avait-il grimpé jusque-là ? Comme grimpe la jeunesse imprudente. Et, n'osant plus, ne pouvant plus ni descendre ni bouger, il poussait des miaulements si douloureux que je me sentis pris de pitié. Pitié stérile ! Je ne pouvais aller le chercher si haut. Tout à coup débouche du bois, en courant, un enfant de douze ans environ et d'une physionomie qui me va au cœur. Il entend, il voit le pauvre petit patient, et il s'élance à l'arbre.

Il saisit la pauvre petite bête de la main droite, tandis que, balancé à soixante pieds de hauteur, il se retenait, lui, fortement au tronc avec la main gauche ; puis pour pouvoir descendre librement, il place le délivré sur son épaule, tout près du cou. Soudain un cri aigu se fait entendre, mais cette fois ce n'était plus l'animal qui criait, c'était l'enfant ; car, dans sa frayeur et pour mieux se tenir, le chat s'était cramponné au cou de l'enfant et y faisait entrer ses dix griffes crispées. Un autre se serait débarrassé de l'animal et l'aurait lancé à terre ; lui, le premier cri jeté, ne fit pas un mouvement d'impatience ; il descendit lentement, et en tenant le cou un peu plus plié, pour que l'animal, se sentant mieux assis, eût moins peur et se cramponnât moins. Arrivé en bas, il le détacha doucement de son cou et lui dit seulement, tout en le caressant :

— Ah ! mon petit chat, tu m'as fait joliment mal !

(Extrait de l'*Almanach des bêtes,* Paris, 1863, p. 52.)

Jean Owington, voyageur anglais, rapporte qu'il existe à Surate un hôpital richement fondé par les Banians pour y recevoir les chats blessés, malades ou accablés de vieillesse. — Le journal français l'*Europe,* qui se publie à Francfort, donne, dans son numéro du 5 août 1865, la narration très-intéressante d'un voyageur qui a visité la maison de refuge établie pour les chats à Florence, et dans laquelle ils sont admis et hébergés convenablement, en attendant que quelque amateur de chats vienne leur offrir une condition plus agréable.

Hier, à dix heures du matin, des gamins, dont l'un tenait entre les mains un jeune chat, s'approchèrent de l'égout situé rue Feydeau, au coin de la rue Montmartre, et y précipitèrent le malheureux animal.

Une voisine avait vu, de la fenêtre, cet acte de barbarie. Elle descend trop tard pour l'empêcher ; mais elle s'occupe d'organiser immédiatement des moyens de sauvetage. Une corde, au bout de laquelle pend un panier, est descendue par le regard. Etourdi, mouillé par les eaux qui tombent par intervalles de la rue, n'osant s'aventurer dans les ténèbres du souterrain et n'osant se cramponner au panier libérateur, le chat reste au bord du radier.

Sa protectrice ne se décourage pas; elle demande secours aux passants, elle implore les sergents de ville: elle répond aux miaulements de la victime par des exhortations; elle brave les railleries des sceptiques, qui haussent les épaules, et s'éloignent en disant: « Quoi! ce n'est qu'un chat! »

Cette scène pathétique n'eut son dénoûment qu'à huit heures du soir. Avec l'autorisation du commissaire de police et l'aide de deux ouvriers, la persévérante dame a fait desceller la pierre qui couvrait le regard, et le chat a été sauvé.

Les ouvriers qui ont été mis en réquisition ont refusé toute espèce de salaire.

(*Le Siècle*, 18 sept. 1865.)

Hier soir, dit la *Patrie*, au moment où l'omnibus de la Madeleine à la Bastille roulait sur le macadam humide du boulevard, des miaulements se firent entendre dans l'intérieur de la voiture. Le conducteur demande quel est le voyageur qui a introduit un chat avec lui. Personne ne répond. Tout à coup, l'un des voyageurs pousse un cri, il sent quelque chose de velu s'introduire dans la poche de son paletot: c'est un petit chat qui sort du manchon d'une dame. Il avait été attiré vers le voyageur par l'odeur d'une succulente tranche de jambon que celui-ci venait d'acheter. Sa maîtresse avoua que, devant faire un long voyage, elle prenait depuis quelques jours son chat avec elle en omnibus pour l'habituer au mouvement de la voiture.

Les autres voyageurs rirent beaucoup de cette petite scène « d'intérieur », et la dame au chat dut se résigner à descendre immédiatement de l'omnibus.

Tout le monde sait que Théodore Barrière adore les chats. Il en a toujours entre les jambes un demi-douzaine.

— Ah çà ! pourquoi diable, lui dit dernièrement son ami Lambert Thiboust, t'entoures-tu ainsi de chats comme une portière ?—Mon cher, lui répondit l'auteur de *Malheur aux vaincus*, c'est depuis que je connais les hommes.

(Journal le *Figaro*, 11 mars 1866.)

Un gentleman de la jolie ville de Brighton, qui avait perdu son chat, soupçonna une voisine de le lui avoir ravi. Il savait qu'elle raffolait de ces animaux ; il obtint contre elle un mandat de perquisition. L'inspecteur de la police, armé du mandat délivré par le magistrat, se rendit, la semaine passée, chez la dame ; il a constaté dans son rapport que parmi les cent quinze chats et les quinze chiens qui miaulaient, aboyaient, gambadaient fraternellement dans les appartements et la cour de cette dame, il n'avait pas reconnu le chat volé.

(*Étoile belge*, du 19 mars 1866.)

Les démolitions, raconte l'*Union médicale*, qui viennent de se produire pour le prolongement de la rue

Lepelletier ont laissé, entre la rue de la Victoire et la rue Olivier, un grand espace vide, où s'élevaient naguère plusieurs belles maisons. En quittant leurs logements, les habitants de ces maisons ont abandonné leurs chats. Les miaulements de ces malheureuses bêtes souffrant la faim et la soif étaient navrants. Une pauvre concierge du voisinage en a été touchée; tous les soirs elle quitte sa loge, portant dans ses mains une grande terrine remplie de *pâtée*. A sa voix bien connue, la gent féline accourt, levant la queue, faisant le gros dos, grimpant sur les épaules de la bonne femme, même sur sa tête, lui témoignant par un ronron significatif toute sa reconnaissance. Un autre fait analogue se passe sur l'emplacement des maisons démolies par le passage de la rue Lafayette, aux angles de la rue Cadet et de la rue Bleu. Ce qu'il y a de plus touchant, c'est que ces deux pauvres femmes si compatissantes sont inscrites tous deux au bureau de bienfaisance. L'une est concierge de la maison n° 68, rue du Faubourg Montmartre; l'autre se nomme mademoiselle Filliet-Reynaud, rue Rochechouart, n° 8.

(*Le Voleur*, 26 nov. 1863.)

Pietro della Valle, fameux voyageur, enrichit l'Italie de chats d'Ispahan, pays renommé pour la beauté de ces animaux. Maynard, le célèbre poëte, apporta de Rome une chatte de cette espèce, sur la mort de laquelle il fit ce sonnet :

C'est grand dommage que ma chatte
Aille au pays des trépassés;
Pour se garantir de sa patte,
Jamais rat ne courut assez;

Elle fut matrone romaine,
Et fille de nobles aïeux ;
Mon laquais la prit sans mitaine,
Près du temple de tous les dieux.

J'aurai toujours dans la mémoire
Cette peluche blanche et noire
Qui la fit admirer de tous ;

Dame Cloton l'a maltraitée,
Pour plaire aux souris de chez nous
Qui l'en avoient sollicitée.

CATOPHOBES.

Henri III avait en horreur les chats; la vue de cet animal le faisait tomber en syncope.

—

Michel de Montaigne, dans ses *Essais*, livre 1er, chap. 20, dit que l'œil du chat infecte l'oiseau qu'il regarde fixement et l'empoisonne.

—

Il y avait une loi, dans le royaume d'Aragon, qui punissait les larrons en les faisant fouetter, un chat attaché au cou. (*Traîté raisonné sur l'éducation du chat domestique*, p. 17.)

—

La *Gazette des Tribunaux*, du 15 décembre 1838, raconte que Lerat, charretier vidangeur, était accusé d'avoir tué un chat et d'avoir répondu à la réclamation faite par le propriétaire de l'animal : « Vot'chat!

enfoncé, mon brave homme; César (son chien), lui a tordu le cou. Il y a beaucoup trop de chats dans Paris. »

Un berger du village d'Alshmaushoff, à une lieue d'Erlang, en Allemagne, gardait son troupeau; sa femme voulut, à l'heure ordinaire, lui porter son dîner; elle avait un enfant de neuf mois; elle l'accommode bien dans son berceau et sort du logis en y enfermant le chat. Cette imprudence la jeta bientôt dans la dernière désolation. A son retour, elle trouva l'enfant mort et le chat qui, après avoir mangé la joue gauche et le nez, entamait la joue droite.

(*Récolte de l'ermite,* 1813, p. 314.)

CHANSONS.

A bon chat bon rat, pochade, par Mlle Eugénie. Paris, Devigo (1864).

A bon chat, bon rat ! quadrille ; par P. Bouillon. Paris, Bousquet (1862).

L'abbé de Marolles a chanté les grâces de la chatte d'une demoiselle de Gournay.

Aimez-moi comme vos bêtes. Paroles de Pierre Lachambeaudie.

5e COUPLET :

Dressant la queue et les oreilles,
Vot' chat sur vous fil' son ronron,
Il fait des gambad's sans pareilles,
Il se plotonne et s'met en rond.
Si vous saviez quell' pein' vous m'faites
Quand j'vois s'toucher vos deux museaux !...
Aimez-moi seul'ment comm' vos bêtes,
Vot' chien, vot' chat, vos petits oiseaux.

Les Amants et les chats, chansons.

EXTRAIT :

La nuit, de ma pauvre mansarde,
Dieu sait tout ce que j'aperçois,

Quand furtivement je regarde
Dans les greniers et sur les toits.
J'y vois chiffonner Nicette,
J'y vois pourchasser Minette ;
Et j'entends
De temps en temps
Frust, frust. . . . . . .

Les Egrillardes, de Louis Festeau. Paris, 1842, in-32.

Du chat parfois les griffes sont traîtresses.
Ne voit-on pas, après tout, aujourd'hui,
Sur l'égoïsme et les fausses caresses,
De tous côtés, des gens plus forts que lui ? »

Louis Protat.

(Chanson : *L'Amour des bêtes.*)

Bertrand et Raton, chanson par Charles Chaix. Paris, 1846.

A Brillant, chatte de madame la maréchale de Luxembourg.

AIR *du Vaudeville d'Epicure.*

Jusqu'aux deux bouts de la terre,
Brillant, vos attraits sont connus :
D'*Amourette* vous êtes mère ;
Des chats vous êtes la Vénus.
De votre grâce enchanteresse
Tout est charmé, tout parle ici,
Célimène est votre maîtresse ;
Que n'est elle la mienne aussi !

(M. le chevalier de Beauveau.)
Le Petit chansonnier françois, t. 2.

Cadet-Roussel, chanson.

9e COUPLET :

« Cadet Roussel a trois beaux chats,
Qui n'attrapent jamais les rats ;
Le troisièm' n'a pas de prunelle,
Il monte au grenier sans chandelle.
Ah ! ah ! ah ! mais vraiment,
Cadet Roussel est bon enfant.

C'est le chat : imprimé dans *les Rondes du Couvent* ; par Marcellin Moreau, Paris, p. 61.

EXTRAITS :

Chacun vous vantera
La sagesse de Laure.
Le croira qui voudra :
Pour moi j'en doute encore.

On ne remplace pas
Ce qu'au fromage on ôte
Mais le chat, dans ce cas,
Répondra de la faute.

Auprès des macarons
C'est le Minet qui rôde ;
Et casse les flacons,
En faisant la maraude.

Ah ! si le chat pouvait
Dire tout ce qu'il pense !
Mais il est si discret !
J'imite son silence.

Le Chat (par Philippon de la Madeleine).

AIR du *Petit Matelot*.

1er COUPLET:

Au sentiment, à la tendresse,
Le chien joint la fidélité.
Le chat plaît par sa gentillesse,
Sa grâce, son agilité.
En ses yeux, brille un caractère
Tout à la fois plaisant et fin :
Dans l'art d'amuser le parterre
Il fut le maître de Carlin.

2e COUPLET :

Contre les animaux paisibles,
Le chien, en plaine, prend l'essor.
Contre des animaux nuisibles
Le chat nous sert bien mieux encor.
Quel prix n'auraient point ses services,
Si des êtres remplis d'appas,
Adorés, malgré leurs caprices,
Il pouvait prendre tous les rats !

Cette chanson a 5 couplets.

(*Le Papillon, ou Recueil*, 2e année. Paris. 1804, page 82.)

Goguette. Paris, Garnier, 1819.

Le Chat botté raconté par un perroquet; paroles d'Adolphe Joly. Paris, Cartereau (1865).

Le Chat botté, paroles d'Adolphe Joly, mus. de L. Bordèse. Paris, Schonenberger (1864); prix 5 fr.

Le Chat botté, ou Riquiqui en bonne fortune, chanson de Maxime Geoffroy.

AIR : *Cadet Roussel.*

EXTRAITS :

Du temps que les bêtes parlaient,
Trois enfants d'un meunier vivaient.
Leur père un jour vint à mourir...

Il leur laissa pour héritage :
A l'un trois ch'mis's au blanchissage,
A l'autre un rasoir,
Au troisième un très-beau chat noir.

Pourtant ce troisième enfant, qui
S'appelait monsieur Riquiqui,
Parut fort peu content d' son lot...

« Ne me rebutez pas si fort, »
Dit le chat qui n'était pas mort...
« J'suis un matou des plus rusés,
« Et pas si bêt' que vous l'pensez.
« Mettez mon talent à l'épreuve
« J'brûl' de vous en donner un' preuve... »

On voit par ces quelques vers ce que vaut la chanson, qui n'est après tout que le *Chat botté*, de Perrault, arrangé.

Le Chat corrigé, fable en chanson de J. Lagarde (Caveau, 1852, p. 71).

Le Chat de Mam'zelle Rose, chanson par P. Urbain (Paris, 1862).

Le Chat de ma voisine, chanson de Justin Cabassol ; (Caveau, 1850, p. 268)

AIR *du Curé de Pomponne.*

1er COUPLET.

Sur ma gouttière, un jour, je vis
Un chat de bonne mine
Qui, sans s'occuper des souris,
Miaulait en sourdine.
Ah ! il m'en souviendra
Larira,
Du chat de ma voisine

Le Chat de ma voisine, chanson de Patez (Paris).

EXTRAITS :

J'ai pour voisine une fillette,
Dont mon cœur est vraiment épris ;...

Mais ce qui souvent me taquine,
C'est son chat, gentil barbichon !...
Qu'elle appelle : *Petit Bichon.*

Pendant que de sa main blanchette
Elle caresse son matou,
Lui se tient la queue en trompette,
Poussant plus d'un tendre miaou...

Le Chat de madame Chopin, chanson burlesque, par R. F. Boutin (Paris, Hengel et Cie).

EXTRAITS :

Mam' Chopin, qu'c'est désagréable,
C'que fait vot' chat, ça n'a pas d'nom !
Quel animal insupportable !
Il dévor' tout dans la maison,
Il dévor' tout, il dévor' tout dans la maison.

Mam' Paquett', qu'ador' les tourt'relles,
A déjà trois fois rappareillé
Les mâl's de ces couples fidèles,
Qu'vot' sournois s'sert à déjeuner ...

Quand les passions de c'te bêt' terrible
Le font courir dans le grenier,
Son organe est vraiment horrible !
Je crois t'être au jug'ment dernier...

Le Chat et le Vieux Rat, pot-pourri sur une fable de la Fontaine, paroles de H. Maignand (Paris, veuve Lemoine).

EXTRAITS :

AIR : *C'est le roi Dagobert.*

Il était une fois
Un chat, mais un chat fin matois,
Ce mauvais gueusard
Du nom d'Rodilard
Faisait ses trois r'pas
De souris et d'rats...

AIR : *Malbrouk s'en va-t-en guerre.*

Tout' la gent souricière et ratièr,
Craignant de ce cerbère
La gueule meurtrière,
N'osait quitter son trou.
Chacun étant à bout,
Parlait d'lui couper l'cou.
Mais le pis de l'affaire,
C'était d'trouver lalonlanlaire,
Un bon lapin pour faire
La barbe à ce matou, miaou !...

Le Chat malade secouru par les rats, fable.

Mes abandons, chansonnier, par Antoine Dida. Paris, 1813.

AIR : *Traitant l'amour sans pitié.*

Apprenez qu'un maître chat,
Atteint d'une maladie,
Et prêt à perdre la vie,
Déplorait son triste état.
Des rats voyant sa détresse,
A son sort on s'intéresse,
Mais cependant la vieillesse
Tient conseil sur le mourant.
Il a massacré nos pères
Et plusieurs de nos confrères,
Or, faut-il être indulgent ?

AIR : *Mais l'on ne peut espérer rien.*

On délibère avec chaleur,
La pitié pèse en la balance...

AIR *du Fils adoptif.*

Je suis, dit l'ambassadeur rat.
Chargé par les grands de l'empire
De vous apporter, pauvre sire,
Pour beau présent ce petit plat ;
On oublie, hélas ! le carnage
Que vous fîtes dans le passé...

AIR : *En deux moitiés, dit-on, le sort* (*de la Jeune mère*).

Je reçois des dons précieux
Auxquels j'étais loin de m'attendre ;
Des ennemis si généreux
A la paix peuvent bien prétendre...

AIR : *Un jour dans un joli boudoir.*

On pense à Bichon fort souvent,
On lui fait faire bonne chère ;

Bientôt il est convalescent,
Et reprend sa force ordinaire;
Il fait savoir qu'il veut prouver
Reconnaissance des plus belles,
Dans ce but, il les fait entrer
Dans un magasin de chandelles...

AIR : *Un jour le malheureux Lisandre.*

Les voyant rangés tous en masse
Oh grand Dieu, dit-il, qu'ils sont gras !
Je ferais un fameux repas...
Pourtant ils m'ont sauvé la vie...
Réfléchir ainsi c'est folie,
Pas de scrupule, allons, croquons.
A peine a-t-il livré la guerre,
Que de sang il rougit la terre,
Sans pitié pour les ratapons...

Les Chats et les Rats, paroles de Nitet St-Gilles, musique de Ludovic Maithuat; chanson parlée et chantée, dans laquelle nous trouvons les mots suivants :

Je recherche les *chats-moi.*
J'ai trente-six chats, parce que je veux vivre dans l'*entre-chat.*
Quand mon *chat-pond*, je garde les petits.
Les Arabes ont des *chats-meaux.*
Les modistes des *chats-peaux.*
Les architectes des *chats-piteaux.*
Les boulangers des *chats pelures.*
Les chanoines des *chats-pelles.*
Les chapelains des *chats-pelets.*
Les voyageurs des *chats-rabans.*
Les marchands des *chats-lands.*
Les savants des *chats-cals.*
Les militaires des *chats-kos.*
Je ne veux pas qu'on me *chat maille.*
Ni qu'on me *chat-grine.*
J'ai des *chats* plein la gorge. Vous ne me guérirez pas de *matoux*, malgré vos *chat-teries.*

Mon défunt *ivrogne* doit être passé dans le corps d'un chat, car la nuit les *chats sont gris*.

Voilà mon vieux *pa-chat* qui fait des siennes avec mes *chats ;* l'un d'eux *s'appro-chat*, sans qu'il l'effarou-chat : il l'atta-chat, le ca-chat, l'empo-chat, l'embro-chat, l'éplu-chat, le tran-chat, le ha-chat et le mâ-chat, ce qui me fâ-chat....

Le juge cra-chat, se mou-chat, se pen-chat et me dit : Quand vos *chats* sont dehors, on peut les mettre dedans.

Les Chats mélodieux, sérénade amusante, par W. Moreau; musique vocale (Paris, 1863).

La Chatte (de Béranger).

AIR : *La petite Cendrillon.*

1er COUPLET.

Tu réveilles ta maîtresse,
Minette, par tes longs cris.
Est-ce la faim qui te presse ?
Entends-tu quelque souris ?
Tu veux fuir de ma chambrette,
Pour courir je ne sais où.
Mia, mia-ou ! que veut Minette ?
Mia, mia-ou ! c'est un matou.

La Chatte blanche, quadrille sur les motifs d'Alb. Grisar, par J. Strauss, pour piano (Paris, Colombier, 1862).

La Chatte merveilleuse; chanson par Désaugiers. Paris, Delahays.

La Chatte merveilleuse, opéra comique en 3 actes et 9 tableaux, paroles de Dumanoir et Dennery, musique de A. Grisar. Partition piano solo. Paris, Colombier (1862). Musique seule 10 fr., avec chant 15 fr.

La Chatte merveilleuse, de Grisar. Souvenir pour piano. Paris (1862) 6 fr.

Le même ouvrage. Fantaisie de E. Ketterer. Paris, (1862), fr. 7-50.

Le même ouvrage. Polka arrangée par E. Desgrange. Paris (1862), 4 fr.

Chien et Chat, chanson par Désaugiers, Paris, Delahays.

La Clef des Songes et visions nocturnes. Chansonnettes par Frédéric de Courcy. Paris, A. Cotelle.

EXTRAITS :

Rêver qu'on tomb' signifi' chute;
Montagne, c'est élévation.
Rêver bataille, c'est dispute;
Rivièr', c'est inondation.
Rêver chien veut dir' perfidie,
Rêver chat, c'est fidélité.
Rêver corbeau, c'est maladie,
Rêver lapins, c'est bonn' santé...

Conseil des rats, chanson par Prosper Massé.

AIR : *La farira dondaine.*

EXTRAITS :

Le conseil des rats
Un beau jour s'assemble. .

Un rat éloquent
Demand' la parole;
L'président, grav'ment,
Lui dit : J'vous la colle...

Nous somm's en danger,
Messieurs, j'vous l'répète
Un chat étranger
Est là qui nous guette.

Il est positif
Qu'un de nos semblables ;
Fut croqué tout vif
Par ce misérable...

J'propos' qu'à son cou
On pende une cloche...
Le bruit qu'il fera,
Venant nous surprendre,
Nous avertira
Qu'il n'faut pas l'attendre.

Bravo! s'écrie-t on,
Quelle idée sublime !
Et sur ce, votons.
L'vote est unanime...

Mais, r'prend l'président,
Voyons, sans mystère,
Quel est l'bon enfant
Qui veut fair' l'affaire ?

Croq' soris Dans le recueil des *chansons en patois de Lille;* par Th. Desrousseaux. (Contemporain, p. 81, 2e vol.)

L'Éloge de Magdelon.

AIR : *Des pendus.*

7me COUPLET.

Des environs un gros matou
Qui de poil n'avoit pour un sou

De taille et de figure affreuse,
Emut sa pitié généreuse;
Il vint comme elle déjeunoit,
Elle dit : Que veux-tu, Minet?

8me COUPLET.

L'autre, qui se mouroit de faim,
Miauloit toujours d'un fier train;
Complaisamment elle se penche,
Le caresse de sa main blanche,
Puis donne à ce dégoûtant chat
Son petit pain, son chocolat.

9me COUPLET.

Dans la ville il en fut jasé,
A tort, car elle en eût usé
Avec un chrétien, sur ma tête,
Aussi bien qu'avec cette bête.
Tendre aux besoins de l'indigent,
Elle rit de ceux d'un amant.

(*Le Chansonnier françois*... IXe *Recueil.*)

Étrennes tourquennoises et lilloises. En vrai patois de Lille et de Tourcoing. Lille, Vanackère, in-64, figures s. b. originales.

Ce recueil curieux a été composé par le célèbre François de Cottignie, dit *Brûle-maison*, né à Lille en 1679, mort en 1740.

Chanson sur un Tourquennois (1) *qui a fait côcher (accoupler) son pigeon par un matou pour avoir des bêtes sauvages.*

Mon Dieu! qu'on voit dans ce monde
Ben des tours plaigeans!

(1) Un Tourquennois équivaut, pour les habitants de Lille, à un habitant de Pontoise pour ceux de Paris.

De pu d'chens lieues à le ronde
Eun parl' de gros Jean :
Car il voloir avoir
Des biettes sauvages.
Venez acouter l'histoire
Je vous en ferai sage.

Che Tourquennois faut entendre
Che maître des sots,
Avoit pour soris prendre
Un biau cat (chat) macot,
Et un coulon (pigeon) gavu,
De biauté sans pareille,
Un té qu'on n'a jamais vu,
Chetoit eune merveille.

Che biau coulon en parure
S'pourmenoit partout,
Par-dessus chel couverture,
Faigeant routoucou;
Et quand l'cat l'approchoit
Pour li arracher ses pleumes,
Le biau coulon s'envoloit
Comme de couteume.

Che Tourquennois en li-même,
Aussi lourd qu'un viau,
Court vite dire à se femme :
No gros cat est caud ;
Y pourmène à fachon,
Che qui n'a n'en de catte ;
Il veut cauquer no coulon,
Je le vois à ses pattes.

Mais tout chen qui me désole,
Cat'laine Duprés,
Ché que mon coulon s'envole
Quand l'cat est tout près :
Si se laichoit cauqué,
Men coulon n'est n'en sage,
J'arois des jones marqués
De poils et plumages.

Che sroit de biettes sauvages
Qu'on n'da jamais vu ;
J'irois de villes en villages,
Et partout chés rues,
Au son d'un tamburin,
Criant d'une voix nette :
Qui veut pour un escalin
Vir des étranges biettes ?

Pour venir à se n'atteinte
Y a pris s'en coulon,
Et se l'a loyé sans feinte
Au d'bout de se majon ;
Afin que sen gros cat
L'aroit cauqué à s'nage,
Pour avoir après chela
Des biettes sauvages.

Che coulon dessus chel'loge ;
Se sentant loyé
Batoit se z'ailles à grand' forche,
Et s'mit à crier ;
Le cat l'a entendu,
A wuidié par l'ferniette,
Sa rué à corps perdu
Su chelle' pauvre biette.

Le cat s'enfuit à la hâte
Tout épouvanté,
Il étoit loyé par l'patte,
N' l'a seu emporté ;
Mais che cat sans fachon,
Sans faire un moment d'halte
A étranné (étranglé) sen coulon
Tout comme eune ratte.

Sitôt dit à Pierre Delegauque :
Vient vire tout près ;
En vérité, v'la qui l'cauque,
Il l'tient par l'toupet.

Le Tourquennois a dit.
Ya fait l'affaire bonne,
Devant quinze jours d'ichi,
J'arai des biaux jonnes.

Sa femme li dit tout en rage :
A biette que té !
V'là un biau dial de cauquage,
Il l'a étranné.
Le Tourquennois d'abord
A monté par adraiche;
Quand y a vu sen coulon mort,
Y a queu en faiblaiche.

Chetoit eune pitié de vire
Le mère et le z'enfans,
Braire tout com' des martyres
En se lamentant;
Digeant : Nous n'verrons pu ;
Ah ! queulle mort étrange,
No beau gros coulon gavu.
Roucouler d'sus no grange.

Chanson d'un Tourquennois qui a mis son chat sur la gêne, pour lui faire avouer s'il avoit pris une pièce de viande.

V'la eune histoire sans pareille,
Arrivé dedans Tourcoing.
La chose est vraie et réelle,
Sur che sujet je n'vous mens point
Dessus che point,
Et chose certaine,
Ch' tour là com' vous l'entendré
Est arrivé.

Un Tourquennois tout en n'aire,
Un jour qu'il étoit crévé
Avot eune bielle pièche de chair,

L'avot mit sur sen mettié,
Tout préparée
Pour l'cuire tout entierre;
Mais on lia jué den che jour
Un drôle de tour.

Deux u trois hommes de se sorte,
Familiers de sa majon,
Ont pris sans miséricorde
Sen morciau de chair sans caution.
Queulle invention!
L'homme non pu que l'femme
N'savoient rien de tout chela,
Non pu que l'cat.

V'là ch'l'homme qu'étot ben en rage
Quand il apprit tout cela;
N'en faut point d'mander davantage,
Ché encore men diable de cat
Qu'a fait chela;
J'briserai tout l'ménage,
U bien j'ferai imbrochié
Men cat sorchié.

Y a couru à perde haleine,
Pour attrapé che minou,
A l'cour et a l'basse-cuigène,
Et au grenier tout partout.
L'a pris par l'cou.
Aveue eun caine,
A eune broche enrouillié
L'a imbrochié.

Et tenant che cat à se mode,
Il dit: T'est un cat perdu;
Y n'ia pu d'miséricorde,
Je m'en va te gêner devant ch'fu,
Sans nul z'abus;
Tu ne peux pu m'morde,
Je veux te fair'confessié
Si t'est sorchié.

Il a mis chel'pauvre biette
Dessus deux batons en crox,
Ses quatre patte et se tiette,
Et se queue qu'elle fertillot
Comme un batot;
Aveuc eune baguette
Temps en temps y tappot dessus
Devant ch'grand fu.

Che cat est mort sur les gennes
Après deux heurs et demie;
V'là che Tourquennois en peine,
Y avoit peu que s'euch'dit :
Le merquedi,
Et chose certaine,
J'ai composé chell' cauchon
Dessus ch'luron.

Complainte des habitants de Lille sur la mort de Brûle-maison...

EXTRAITS :

Brûle-mojon par ses grimaches
Etot connu tout partout,
Dans les bourgs et les villages
D'un bout jusqu'à l'autre bout...

Quand qui cantoit dessus l'plache
Les samedis et merquedis.
On couroit vir ses grimaches,
Ses morgues et ses singeries....

Quand il avoit fait ses morgues,
Après cha coupoit sen nez,
Aveuque un cat y jouoit d'zorgues,...

N'y avoit un des princhipal,
Qu'un appelle Mathieu Colas;
Il leux a fait un régal,
Aveuque de bons gros cats,

Dodus et gras;
Queu soupé frugal,
L'za accommodé à fachon
Aveu d'zoignons !

Comme y mengeoient sans fourchettes,
Croyant que chétoit du lapin;
L'un a attrapé une tiette,
Il le mettoit dessus sen pain
En ayant faim;
Mengeoient comme des biettes,
Sans songé que den che plat
Chétoit du cat.

Den chel fricassé friande,
Un a trouvé une soris,
Bien poiluse, bielle et grande :
Sitôt la compagnie
Tout ébabie,
Sans faire de demande,
Ont vu qui avoient mengé là
Tertous du cat....

Les Fables d'Esope mises en chansons, par Dugrandmesnil (Paris, in-64).

Le Renard et le Chat.

AIR : *Que le Sultan Saladin.*

EXTRAITS :

Le renard avec le chat
Etoient dans un grand débat,
Au sujet de la mesure
Qu'observe dame Nature,
En distribuant son bien :
Le tien
Au mien
Ne peut s'égaler en rien,
Dit le croqueur de poularde
Et Dieu me garde.

J'ai des ruses plein mon sac,
Et tous les Gascons en ac
Ne sont rien près de l'adresse...

Le chat aussitot répond
A cet imprudent Gascon :
Je n'ai qu'une seule ruse,
Qui jamais ne se refuse
A me tirer d'embarras...

Morale :
Mets en tout de la prudence
C'est la science.

Le Coq et le Chat.

AIR : *Babet m'a su charmer.*

EXTRAITS :

Un coq fut entrepris
Par un chat hypocrite
Qui, comme une souris,
L'allait croquer de suite....

Le coq lui tient ce langage :
« Que vous ai-je donc fait, seigneur?... »

Le chat lui répondit :...

« Ton gosier maudit
Ne fait que du dommage,
Et toute la nuit
Tu fais un tel bruit...
Tu fus toujours méchant...
Tu corromps les mœurs... »

« C'est que vraiment c'est un besoin,
Autrement on serait bien loin
Pour d'œufs se satisfaire. »
Le chat lui répondit :

« A parler tu t'amuses,
Ton caquet m'étourdit,
Vaines sont tes excuses... »
Et le chat n'eut pas plutôt dit
Qu'il mit fin à ses ruses...

Friquet et Matou. Simple histoire. Paroles de Léon Quentin (Paris, Gauvin).

EXTRAITS :

Guillaume avait dans son ménage
Certain pierrot au brun plumage,
Piou piou, piou piou,
Et Mathurine, sa voisine,
Un gros matou dans sa cuisine,
Miaou ! miaou !...

Pour flâner dans le voisinage,
Un jour Friquet sort de sa cage...
De peur que l'oiseau ne s'échappe....
Sans plus tarder, Minet le happe....

Frou! frou! Gaudriole, paroles de Leon Quentin (Paris, Gauvin).

EXTRAITS :

Grisette et rapin, voisin et voisine,
Du matin au soir se faisaient de l'œil...
Et pendant ce temps, on entendait sur la gouttière
Le chat du tailleur et la chatte de la portière
Faire les frous frous,
Faire les frous frous des matous :
Miaou ! miaou !
Frou ! frou ! frou ! frou !....

Le gros Chat gris. Paroles de Charlemagne Deulin. (Paris, Ikelmer et Ce.)

EXTRAITS :

1er COUPLET.

Jadis Minette et Minou
Faisaient un si beau ménage,
Que le goût du mariage,
Venait à chaque matou.
Qui dit chatte, dit coquette...

2e COUPLET.

Si Minou près de sa chatte
S'endormait, d'un coup de patte
Son épouse délicate
Réveillait le mal-appris...

Il était une bergère, ronde enfantine.

Il était un'bergère,
Et ron, ron, ron, petit patapon ;
Il était un'bergère,
Qui gardait ses moutons,
Ron, ron.
Qui gardait ses moutons.

Elle fit un fromage
Du lait de ses moutons.

Le chat, qui la regarde
D'un petit air fripon.

Si tu y mets la patte,
Tu auras du bâton,

Il n'y mit pas la patte,
Il y mit le menton.

La bergère en colère
Tua son p'tit chaton.

Elle fut à son père,
Lui demander pardon.

Mon père, je m'accuse
D'avoir tué mon chaton.

Ma fill', pour pénitence,
Nous nous embrasserons.

La pénitence est douce,
Nous recommencerons.

Chanson, de 6 vers, faite en 1689.

SUR L'AIR : *Le chat a mangé mon fromage.*

Les deux premiers vers sont :

Il n'a pris qu'un rat dedans ma gouttière,
Le vilain matou (1), dit Sévigné....

(*Recueil de Maurepas.* Leyde, 1865, t. 1er, p. 143.)

Ma chatte; par J. la Garde, imprimée dans *le Caveau*, 18e année. (Paris, p. 382.)

AIR : *Le petit mot pour rire.*

EXTRAITS :

Je possède dans mon logis....
Une chatte parfaite,
Belle tête, superbes yeux.
Son poil est long, doux et soyeux...
Sa robe est de belle couleur...

Elle me griffe par moment,
Mais me câline fréquemment...

La nuit, au temps des noirs frimas,
Elle se fourre sous mes draps....

L'Impôt sur les chats; Chanson jouée par Ch. Blondelet, paroles de Blondelet, musique de Delisle. Chanson comique parlée et chantée.

(1) Le comte de Grignan.

C'est la mère Michel....

Il me semble le voir quand il étoit assis sur son petit *bottom*... Mon voisin l'étudiant me dit : Laissez votre *chat-si*, votre *chat-là*, votre *chat-loupe*, votre *chat-au d'eau*, prenez garde *les chats-teignes*...! A la préfecture ils me disent :

Est ce un *chat-let?*
Ou un *chat-ron?*
Ou un *chat-peau noir?*
Ou un *chat-pron?...*
Oui prompt à vous égratigner...
J'vais écrire au préfet de police
Qu'il fasse une loi exprès pour ça
Ce seroit en toute justice
De payer pour son chien, pour son chat;
Pourquoi qu'y aurait d' la préférence?
Moi j'fais un' proposition :
Qu'on m'rende mon chat, j'donne à la France
Dix francs par an de pension
. . . . Car
Mon *chat plaît* à tout le monde.
Ce n'est pas un *chat-lent*
Ni un *chat-braque*
Il n'est point comme en Turquie,
Où on sait que les *chats-se mouchent.*

La Mère Michel, chanson.

C'est la mère Michel qui a perdu son chat,
Qui cri' par la fenêtre qu'est-c' qui le lui rendra.
Et l'compèr' Lustucru qui lui a répondu :
Allez, la mère Michel, vot' chat n'est pas perdu.

C'est la mère Michel qui lui a demandé :
Mon chat n'est pas perdu, vous l'avez donc trouvé?
Et l'compèr' Lustucru qui lui a répondu :
Donnez un' récompense, il vous sera rendu.

Et la mère Michel lui dit : C'est décidé :
Si vous m' rendez mon chat, vous aurez un baiser.
Le compèr' Lustucru, qui n'en a pas voulu,
Lui dit : Pour un lapin votre chat est vendu.

Les Amours de la mère Michel et du père Lustucru, par Alex. Marie (Recueil Stahl, p. 393).

AIR : *du Tambour de ville.*

EXTRAITS :

La mèr' Michel, un jour à sa fenêtre,
Criait tout haut d'un ton de désespoir :
Mon pauvre chat, hélas ! où peut-il être ?
Ah ! rendez-moi mon Bibi, mon chat noir...

Un bon voisin, voyant couler ses larmes,
Bien tendrement, le père Lustucru,
Lui dit : Je puis vous l' jurer par vos charmes,
La mèr' Michel, vot' chat n'est pas perdu...

Dame Michel, j'espère récompense,
Voilà l'objet que vous aviez perdu ;
Un doux baiser ce n'est pas trop, je pense.
Mon p'tit voisin, ce baiser vous est dû...

Les Chats de la mère Michel, imitation des *Bœufs* de Pierre Dupont.

AIR : *J'ai deux grands bœufs dans mon étable.*

J'ai deux gros chats des plus aimables,
L'un d'un beau blanc et l'autre roux.
Souples, caressants, agréables...

Les voyez-vous ces pauvres bêtes,
Du matin au soir sur les toits,
Bravant la pluie et les tempêtes,
Par les temps chauds, par les temps froids...

Qu'il est joli, qu'il est agile !
Mon gros Bibi, le blanc mouton ;
Et comme il est doux et docile,
Ce bon apôtre de Raton!...

La mère Michel a perdu son chat, prose et vers, composé par G. H. Froyer, ancien militaire (Paris, 19 juin 1848). — Manuscrit appartenant à M. B...

Tout pour Tity, Tity, Tity ;
Pour Tity tout, tout, tout ,
Tout, tout, tout pour Tity,
Faisons pour Tity tout.

Ces quatre vers peuvent donner une idée suffisante de ce qu'est cette pièce.

La mère Michel et le père Lustucru, scène méli-mélo-tragi-comique, paroles d'Adolphe Joly, musique de Léopold Bougnol.

LUSTUCRU.

Je vous aime, daignez m'entendre,
Comme on aime les fleurs, les melons ;
Comme les garçons
Aiment les tendrons,
Comme les marmots aiment les macarons.
Comme vous aimez d'un amour tendre
Votre chat... et lui ses lardons.

LA MÈRE MICHEL.

Ah ! j'aimais ce chat si tendre,
Doux comme un petit mouton.
Il me semble encor l'entendre
Faire son charmant ron ron.
Il mangeait dans son assiette
Un don de rate et de mou.
Mia, miaou, pauvre Minette ;
Mia, miaou, pauvre matou.

LUSTUCRU.

Elle n'a pas tant pleuré la perte de ses *cinque* maris que celle d'un *chat-laid*.

LA MÈRE MICHEL (*avec joie*).

Ah ! qu'ai-je vu ?
Il m'est rendu !

(Elle appelle Moumoutte.)

LUSTUCRU regarde dans la coulisse, puis il revient et dit avec mystère :

Chut!... chut !... Il cherche son couteau dans les cendres ! Ne troublons pas ses méditations.

Madame veuve Michel, paroles de L. C. Durand.

La mère Michel est veuve,
Est veuve de son chat.

Ce chat perdit la vie
Le jour qu'il trépassa.

C'est la faute d'une arête
Qu'trop vite il avala.

La mère Michel bien vite
Un r'mède lui donna ;

Mais hélas la canule
Dans son pet't corps resta.

C'qui fait que c'te pauvr' bête
Sur-le-champ expira

Tous les chats du village
Maint'nant pleur'nt leur papa.

Des toits et des gouttières
On n'entend que c'cri là :
(*Parlé*) Ah quel malheur !

(*Album des Chansonniers,* 2e volume, 13e livraison.)

Pot-pourri de la mère Michel (Paris, Gauvin, édit.).

Il n'y a que les quatre premiers vers de la chanson, le reste n'a aucun rapport à notre sujet.

Le Chat ressuscité (suite de la *Veuve Michel*), chanson d'Augustin Beaumester fils.

EXTRAITS :

La mèr' Michel en larmes
Badadzim, boum, boum ;
La mèr' Michel en larmes,
Vit soupirer son chat !
(*Parlé*) Ah ! quel bonheur !
Pour ell' douce surprise,
Quand sa p'tit queu' bougea,
Un p'tit brin d'eau d'Cologne
Tout d'suit' le ranim'ra.
Aussitôt c'te pauv' bête
Sur ses quat' patt's sauta;
Par dessus ses oreilles
Il se débarbouilla.
La mer' Michel joyeuse,
Sur son nez l'embrassa.
Pour revoir sa Minette,
L'matou su' l'toit fila.

Mia, Mia, Mia, oh ! ou voilà comme fait mon chat, ronde à miauler. Pour répondre à la ronde à aboyer de M. Armand-Gouffé, par Belle-Aîne.

AIR (de la deuxième partie) : *Din, din, don, don* (de la *Famille des Innocens*). — 1812.

Quand la faim tourmente mon chat,
Comme il est agréable !
Pour manger à même le plat,
Sans gêne il saute sur la table :
« Mia, mia, oh ! »

Et là, tel qu'un adroit amant,
Ce qu'on lui refuse il le prend.
Mon jeune chat me plaît à la folie ;
J'aime sa ruse et son étourderie ;
J'aime surtout le ton plein d'harmonie
Qu'il prend quand, tour à tour,
Il fait nuit et jour :
« Mia, mia, mia, oh ! mia,
Mia oh ! mia, mia oh !
Mia, mia, mia oh ! »
Car c'est ainsi que mon Raton
Fait carillon
« Mia, mia, mia oh ! »

CHOEUR.

L'on a soin de miauler à la fin de chaquecouplet, et surtout de manière à bien exprimer le désir de l'animal.

« Mia, mia, mia oh ! mia, mia, mia oh !
Mia, mia, mia oh ! mia, mia, mia oh ! »
Fait carillon,
« Mia, mia, mia oh ! »

Dans la cave est-il enfermé,
Sa douleur est complète ;
Tout pensif et l'œil enflammé,
Avec quel chagrin il répète :
« Mia, mia oh ! »
Fille réduite au célibat
N'est pas plus triste que mon chat.
Mon jeune chat, etc.

Pour attraper une souris,
Quelle adresse il déploie !
Devant les spectateurs surpris,
Comme il sait exprimer la joie :
« Mia, mia oh ! »
Le gourmand qui voit un bon plat,
N'est pas plus heureux que mon chat.
Mon jeune chat, etc.

15.

Veut-on s'amuser un moment ?
Qu'on amène un caniche :
Sur son dos mon chat lestement
S'élance aussitôt de sa niche :
« Mia, mia oh ! »
Un coq jaloux, lorsqu'il se bat,
Est moins courroucé que mon chat.
Mon jeune chat, etc.

Dans le feu voit-il un marron,
Il avance, il recule,
Et fait tant, le pauvre Raton,
Qu'en le retirant il se brûle :
« Mia, mia oh ! »
Un auteur, lorsqu'il tombe à plat,
N'est pas plus honteux que mon chat.
Mon jeune chat, etc.

Dans la gouttière, sur le soir,
Aperçoit-il sa belle,
Il bondit de joie et d'espoir,
Amoureusement il l'appelle :
« Mia, mia oh ! »
Le diable en sortant du sabat
N'est pas plus leste que mon chat.
Mon jeune chat me plaît à la folie,
J'aime sa ruse...

Mi-a-ou, polka des Chats, musique d'Arban (Paris, Gérard, 1861). — 5 fr.

Minette, chansonnette comique, paroles de M. Frédéric de Courcy, musique de Clapisson.

J'ai pour compagne en mon logis
Une charmante créature,
Adorable avec ses yeux gris,
Sa grâce et sa désinvolture.
Elle est bien gentille, Minette,
Elle est fière et fait le gros dos...
De plus paresseuse et coquette.

Elle n'interrompt son repos
Que pour songer à sa toilette;
Du scandale chez le voisin
Quelquefois sans se mettre en peine
Elle sort, le soir, et sans gêne
Rentre le lendemain matin...
Elle est bien gentille, Minette,
Mais je plaindrais, malgré cela,
Quelqu'un dont la femme en cachette
Aurait ce caractère-là.

(*Album du Ménestrel*, 5e vol., 18e livraison.)

Minet et Raton; chanson par Ant. Dida.

AIR : *Ma belle est la belle des belles,*

1er COUPLET.

Avec ton petit chat, ma belle,
J'ai bien souvent bravé l'ennui;
Il ne fait jamais le rebelle
Quand je veux jouer avec lui.
Si sa douceur est sans pareille,
Pour lui, je suis loin d'être ingrat :
Ah! quoiqu'il soit privé d'oreilles,
Qu'il est joli ton petit chat!

N'éveillons par le chat qui dort; chanson par P.-A. Léger (Paris, Lécrivain et Toubon).

Il n'y a que le titre qui se rapporte à notre sujet.

N'éveillez pas le chat qui dort; chansons de Justin Cabassol et de Jest, imprimées dans la *Lice chansonnière* (1831-1842).

N'éveillons pas le chat qui dort, par Mazabrand (de Solignac). *Chansons nouvelles*, Paris, in-32.

AIR : *de Calpigi.*

Il n'y a que ce seul couplet qui peut avoir quelque rapport avec notre sujet :

Après avoir créé les hommes,
Dieu dit : Pendant que nous y sommes
Pour leurs plaisirs et pour leurs maux,
Créons aussi les animaux!
Depuis cette action insigne,
L'âne bruit, le chat égratigne,
Le serpent siffle, le chien mord...
N'éveillons pas le chat qui dort!

La nuit tous les chats sont gris, vaudeville-proverbe, par Armand Gouffé, imprimé dans *le Dernier ballon* ou *Recueil de chansons*. Paris, 1812, in-18, p. 74 et suiv.

AIR : *du vaudeville du Rémouleur.*

EXTRAITS :

Quittant ce soir un logogriphe
Que dans ma tête je roulais,
Sur l'animal qui porte griffe
Je veux griffonner des couplets ;
Si par malheur on les censure,
Ce n'est pas moi qui les écris ;
Non, c'est le chat... je vous assure,
Et... la nuit tous les chats sont gris.

J'étais rêveur sur ma couchette
Lorsque je crus voir, cette nuit,
Le joli chat de ma Fanchette
S'acheminant vers mon réduit ;
Je le gardai jusqu'à l'aurore ;
Je vis alors que j'avais pris

Le vieux chat blanc d'Éléonore...
Mais... la nuit tous les chats sont gris.

Je vais mettre un lapin en broche,
Disait un traiteur fin matois,
Qui, pour nous vendre chat en poche,
Venait de chasser sur les toits;
Sa femme ouvre sa carnassière ;
Mon chat noir!... dit-elle à grands cris.
— M'amour! j'ai chassé sans lumière,
Et... la nuit tous les chats sont gris.

Le Perroquet (chanson).

7me COUPLET.

Un petit chat famélique.
Me tend la patte de velours,
Son miaou, tout sympathique,
Rend le jargon des amours ;
Mais je ne me sens pas d'aise
Quand mon perroquet me dit : Baise,
Baise, baise, baise, baise, baise, baise
Perroquet mignon.

(Le *Chansonnier français*... IXe *Recueil*.)

Le Petit chat ; chanson par Émile Debraux.

AIR : *Quand on s'y prend si poliment.*

1er COUPLET.

Enfin dans ta chambre chérie
Ayant pénétré malgré toi,
Ta gentille ménagerie
Hier a paru devant moi.
Ton musée, aimable Rosine,
Sans doute n'est pas sans éclat ;
Mais le plus joli, ma cousine,
C'est, à coup sûr, ton petit chat.

Le p'tit chat gris, chanson de J.-A. Sénéchal.

EXTRAITS :

Dit 's donc, voisin, que j'vous montre l'emplette
D'un petit chat que je nomme Chéri.
Ses yeux brillants dévoraient ma côt'lette,
Tant il est bon pour pincer les souris.

Petit Minet ; paroles de J. Bertrand ; musique de Chantagne. Paris, Gérard (1861), fr. 2-50.

VAUDEVILLE DE MOMUS FABULISTE.

5me COUPLET.

Une souris très-jeune et sans finesse,
Fut au conseil chez certain petit chat.
Instruite alors à fuir avec adresse,
Pour la souris, le minet prit un rat.
Momus, j'ai vu Zephire, et je vous jure,
Lure, lure, lure
La dragée opère déjà,
Lera, lera, lera.

6me COUPLET.

Un chat fripon, quoiqu'en bonne cuisine,
Va dérober dans le plat du voisin ;
Morceau de lard qu'il croque à la sourdine
Le pique plus que le rot le plus fin.
Mari coquet ! ma fable est-elle obscure ?
Lure, lure, lure.
Votre femme l'expliquera,
Lera, lera, lera.

Whittington et son chat est une variation anglaise de notre *chat botté*, et ce refrain que l'on y trouve, que les cloches de Londres lui jetaient alors que, découragé, il allait abandonner la partie :

« Turn again, Whittington. »
« Thrice lord mayor of London. »

en fait une de ces traditions profondément nationales qui entretiennent dans les classes inférieures l'esprit de suite et d'entreprise, l'amour de l'indépendance conquise par le travail, nobles passions auxquelles l'Angleterre doit sa gloire et sa prospérité.

La chanson de Whittington porte ce titre :

L'avancement de sir Richard Whittington.

M. Vautour, ou le Propriétaire sous le scellé. Vaudeville en 1 acte. Variétés. — Brunet a créé le rôle de M. Vautour.

AIR : *Tout le long de la rivière.*

Faire payer quatre cents francs
Une chambre ouverte à tous vents,
Où tout l'été le soleil donne,
Où tout l'hiver mon corps frissonne,
Où j'entends des milliers de chats
Grimper, courir après les rats...
On les entend pendant la nuit entière
Tout le long, le long, le long de la gouttière.

DÉSAUGIERS.

CHATS CÉLÈBRES.

BELAUD, chat du poëte Joachim Du Bellay. Son maître lui fit une épitaphe des plus remarquables dont nous reproduisons les premiers vers :

Maintenant le vivre me fasche
Et afin, Magny, que tu sçache
Pourquoi je suis tant esperdu
Ce n'est pas pour avoir perdu,
Mes anneaux, mon argent, ma bourse...
— Et pourquoy est-ce doncques? — Pource
Que j'ay perdu depuis trois jours
Mon bien, mon plaisir, mes amours!
Et quoy! ô souvenance griefve!
A peu que le cœur ne me creve
Quand j'en parle ou quand j'en escris :
C'est Belaud, mon petit chat gris,
Belaud, qui fut par adventure,
Le plus bel œuvre que nature
Fit onc en matière de chats :
C'estoit Belaud, la mort aux rats,
Belaud, dont la beauté fut telle,
Qu'elle est digne d'estre immortelle.

Donques Belaud premièrement
Ne fut pas gris entièrement,
Ny tel qu'en France on les voit naistre,
Mais tel qu'à Rome on les voit estre,
Couvert d'un poil gris argentin,
Ras et poly comme satin,
Couché par onde sur l'eschine,
Et blanc dessous comme une ermine;
. . . .

La pièce se trouve dans les *OEuvres* de Joachim Du Bellay; dans le 1er livre de la *Muse Folastre;* dans les *Lettres philosophiques sur l'histoire des chats,* de Moncrif; dans le *Buffon poétique*, pages 84 et suivantes, et dans beaucoup d'autres recueils.

Blondin, chat des jacobins, illustré par les vers de Madame Deshoulières.

Bibi, Bibiche, noms portés par beaucoup de chats.

Brinbelle, ou la nouvelle Héloïse.

L'aimable Brinbelle, chatte de l'hôtel de Guise, avait épousé, en troisièmes noces, Ratillon d'Austrasie; jamais époux n'ont ressenti l'un pour l'autre un penchant plus vif et plus durable.

Nos chats s'aimèrent dès la première entrevue, et ne se connurent que pour s'en aimer davantage. Il n'y avait point de toit solitaire où ils n'allassent se donner de témoignages d'une union si digne d'envie, et miauler leurs amours. Un voisin, ennuyé d'être interrompu sans cesse dans son sommeil, les attira par de feintes caresses; le jeune matou s'y laissa prendre. La douleur de la chatte fut si forte, qu'elle lui resta, dit-on, toujours fidèle.

Cafar, chat des Minimes de Chaillot; Mme Deshoulières en parle dans la *Mort de Cochon*.

Dom-Iris, chat de la duchesse de Bethune, voir les œuvres de Deshoulières.

Félimare, chat du cardinal Richelieu. Il était tout jaune et ses bonds ressemblaient à ceux du tigre.

Grisette, chatte favorite de Madame Deshoulières.

Gazette, chatte du cardinal Richelieu.

C'était une petite chatte fort indiscrète, qui ne se gênait en rien. Le cardinal l'aimait également beaucoup malgré ses défauts. Un soir qu'elle s'était oubliée dans la pantoufle de Bois-Robert, celui-ci lui administra une correction qui lui valut d'être gourmandé par le cardinal.

Bois-Robert, pour se venger, mit au derrière de la chatte un petit sac de satin noir. Le cardinal ayant demandé *Gazette* pour jouer avec elle, vit cette bête tournoyer sur elle-même comme si elle eût été empoisonnée. Il ne put pourtant s'empêcher de rire de l'idée de Bois-Robert.

LUDOVIC LE CRUEL, chat du cardinal Richelieu, surnommé ainsi par sa cruauté envers les rats.

LUCIFER, chat du cardinal Richelieu, était noir comme du jais.

LODOÏSKA, chatte polonaise appartenant au cardinal.

MARMALAIN, illustre chat de la duchesse du Maine, auquel sa maîtresse fit l'honneur d'adresser une pièce de vers assez remarquable.

En voici les quatre premiers :

De mon minon veux faire le tableau,
Besoin seroit d'un excellent pinceau.
Pour crayonner si grande gentillesse :
Attraits si fins, si mignarde souplesse...

De la Mothe, Moncrif ont fait pour ce chat des épitaphes assez curieuses.

MARMUSE, MIMY, chats de Mlle Deshoulières.

MENINE, chatte de Mme de Lesdiguières On a sur elle un sonnet dont voici les quatre premiers vers :

Menine aux yeux dorés, au poil doux, gris et fin,
La charmante Menine, unique en son espèce;
Menine, les amours d'une illustre duchesse,
Et dont plus d'un mortel envieroit le destin...

Après sa mort, on lui éleva un mausolée.

MIMIE-PAILLON, chatte angora, du cardinal Richelieu.

MINET, MINETTE, MOUMOUTE, MATOU, MIAOU, MINON, MINOU, MOUTON, noms porté par une foule de célébrités félines.

MITTIN, chat de Mlle Bocquet, illustré par les vers de Mme Deshoulières.

MOUNARD LE FOUGUEUX, chat du cardinal Richelieu, réputé querelleur, capricieux, mondain, surtout au mois de mars.

NINA, FANFAN, MIMI, BEAUTY, TOM, chats de Mlle Topping; voir son testament.

PYRAME ET THISBÉ, chats du cardinal Richelieu, ainsi nommés par la raison qu'ils dormaient constamment dans les pattes l'un de l'autre.

PERRUQUE, petite chatte qui était née dans une perruque de Racan, gazetier, académicien, l'homme le plus distrait de France.

Racan avait une chatte qu'il aimait beaucoup, et qui mit bas un jour dans sa perruque. Malgré ce nid, composé de deux chatons, il n'en mit pas moins son faux toupet et vint rendre visite au cardinal, qui l'avait mandé pour le consulter sur une scène de ses tragédies.

A peine fut-il en présence de Richelieu que Racan, tourmenté par le mouvement des deux chatons, se prit à se gratter.

— Qu'avez-vous donc, Racan, dit Richelieu, est-ce que vous auriez des démangeaisons à l'occiput ?

Racan, outre plusieurs autres petits ridicules, avait

encore un défaut de langue, il ne pouvait prononcer ni les R ni les C; cela lui faisait faire la plus horrible grimace.

Racan répondit au cardinal :

— Monseigneul, depuis un qualt d'heule, j'ai des pillotements dans la tête.

— Ce n'est pas étonnant, reprit le cardinal, riant malicieusement sous cape, vous avez mis fort mal votre perruque, car vous en portez une, je crois.

— Ma pelluque est de tlavers. T'est lenvelsant?... T'est vlai, lien n'est plus vlai, dit-il en cherchant à s'accommoder le chef.

Comme il cherchait à mettre le plus d'harmonie possible à sa coiffure, il arriva que les deux chatons tombèrent aux pieds du cardinal en poussant des cris.

Richelieu, en présence d'une pareille distraction, ne put retenir, contre son habitude, un éclat de rire, et, pour que Racan ne remportât pas les deux chatons, il les garda, en donnant à l'un le nom de *Racan*, à l'autre celui de *Perruque*, en souvenir de l'aventure.

Raton, Rominagrobis, noms de plusieurs chats célèbres.

Rougeot, Blanc-Blanc, Gris-Gris, Noirot, noms de beaucoup de chats blancs, gris, noir, rouges ou roux.

Rubis sur l'ongle, chat du cardinal Richelieu.

Soumise, chatte fort douce et fort caressante; c'était la favorite de Richelieu, elle dormait souvent sur ses genoux.

Serpolet, jeune chat qui ne vivait que sur la croisée, au soleil; il avait pris le cardinal en antipathie parce que ce dernier le faisait crier en lui serrant les deux flancs aux articulations de derrière. La pression du cardinal était tantôt lente, tantôt saccadée, de telle sorte que les cris du chat ressemblaient à la déclamation d'une tragédie chinoise. « — Tiens, Bois-Robert, disait le cardinal, *Serpolet* qui déclame la tragédie du *Cid*. »

TATA, chatte de la marquise de Montglas ; citée dans les vers de Mme Deshoulières.

CHAT A NEUF QUEUES. Fouet avec lequel on châtiait les nègres en Amérique, et, aujourd'hui encore, les soldats dans l'armée anglaise.

Le jeu du *chat perché* est une variété de celui nommé *cache-cache*. L'un des enfants se tient à l'écart de façon à ne pas voir ses camarades; ceux-ci, une fois cachés, crient : Au chat ! Au moment d'être pris, si l'enfant poursuivi peut grimper sur un objet quelconque, une fois dessus, il dit : *Chat perché*, et reste libre.

CHATRÉ ; castré.

CHATTE (femme).

« Un petit être sauvage et domestique tout à la fois, qui a l'œil intelligent et les mouvements gracieux, fait patte de velours et ron-ron, et qui pourtant a de petites griffes très-méchantes qu'il lance au visage quand on l'irrite; — il aime les sucreries, les gâteaux et se laisse prendre quelquefois sur les genoux. »

(A. VEIMAR. *Dictionnaire de l'amour*, 1859.)

PETITE CHATTE, s. f. « Drôlesse qui joue avec le cœur

16.

des hommes comme une véritable chatte avec une souris, — dans l'argot de Henri de Kock... »

(Alfred Delvau, *Dictionnaire de la langue verte*, 1866.)

COQ-A-L'ANE.

Quelle différence y a-t-il entre une reine de France et une chatte? — C'est que la chatte fait le gros dos et la reine de France le dos fin (Dauphin).

Quelles sont les mines que les chats aiment le plus.

Réponse : Les souris.

(*Polissonniana*, Bruxelles, édition de 1864.)

Un jour que la Vestris jouait l'*Emilie* de Cinna, un chat qui se trouvait dans la salle se mit à miauler. « *Je parie*, dit Sophie Arnould, *que c'est le chat de la Vestris.* » (*Arnoldiana*, p. 226)

SAINVILLE : Pourrais-tu faire aboyer un chat?

LEVASSOR : Très-facilement. Mets devant lui une tasse de lait; s'il a soif, *il la boira.*

(*Almanach de Liége*, 1866.)

CRIS DES CHATTES.

Les anciens sont partagés à cet égard. L'un a prétendu que c'est l'effet des griffes du matou, qui, par un excès de zèle, embrasse trop vivement (1) ; l'autre (2) attribue cela à une autre cause galante. Ceux qui sui-

(1) Pline entre dans des détails très-curieux sur la conduite des chats dans leurs amours.

(2) Ælianus, lib. 6, cap. 27.

vent l'ancienne philosophie prétendent que c'est le moment précis où l'amant triomphe de la faiblesse. Ce sentiment est fondé sur l'opinion d'Aristote (1), qui soutient que les chattes, ayant beaucoup plus de tempérament que les chats, bien loin de les tenir en rigueur un moment, leur font d'éternelles agaceries, sans ménagement, sans pudeur, au point même qu'elles en viennent à la violence, si le matou paraît manquer de zèle.

Moncrif (2) dit à ce sujet : « Quoi qu'il en soit, une souris parut, et voilà notre galant qui partit et qui se mit à sa poursuite. La chatte piquée, comme vous le jugez bien, imagina un expédient pour ne plus éprouver un pareil affront ; c'était de jeter de temps en temps de grands cris chaque fois qu'elle étoit en tête-à-tête avec son amant. Ces cris ne manquèrent jamais d'effrayer la gent souricière qui n'osa plus venir troubler leurs rendez-vous.

« Cette précaution parut si sage et si tendre à toutes les autres chattes, que depuis cet événement, dès qu'elles sont avec leur matou favori, elles s'empressent de répandre ces clameurs, etc. »

DIVERSITÉS.

Le 18 février 1781, on apposa les scellés sur les effets de feu M. de Château-Blanc, inventeur et entreteneur de l'illumination de Paris. Quand les gens de justice se furent retirés, on entendit les cris d'un chat. On ne crut pas qu'un misérable chat valût les frais de

(1) *De Mirabilib*.. pars I.
(2) *Les chats*, 5e lettre.

convocation de commissaire, procureurs et témoins, nécessaires pour faire l'ouverture de l'armoire où il se trouvait enfermé ; enfin les scellés furent levés le 14 mars suivant, et l'on fut fort étonné de voir le jeune Rominagrobis bien maigre, mais très-vivant après une prison et un jeûne de vingt-quatre jours. (*Anecdotes secrètes du* XVIIIe *siècle*. Paris, 1808, p. 71.)

Boyle rapporte qu'un gros rat s'accoupla, à Londres, avec une chatte; qu'il vint de ce mélange des petits qui tenaient du chat et du rat, et qu'on éleva dans la ménagerie du roi d'Angleterre.

Le chat est très-adroit, fort propre ; il passe des heures entières à se nettoyer et à se lécher, il est délicat et fin dans ses goûts, il lui faut du poisson, des oiseaux, de petites souris, du lait, etc. Néanmoins, il s'accoutume à manger de tout ; et il arrive ainsi à manger de la salade, des châtaignes, des pommes de terre, des carottes cuites et du café au lait.

Léon Gozlan, dans les *Châteaux de France*, marquisat de Brunoy, fait l'appréciation suivante :

« Ces chats étaient bien fourrés dans leur pelleterie soyeuse, brossée par le bonheur, et endormis au bord des toits de chaume, etc. »

Une lutte des plus curieuses et certainement des plus rares, a eu lieu ces jours passés, dit le *Sport* (décembre 1865), près du bois de la Taille, sur le territoire de Nivillac, entre un renard et un chat sauvage. Quel est le motif de la querelle ? C'est ce que personne ne pourrait dire; mais ce qu'il est facile d'affirmer, c'est qu'il n'y a pas eu de mort. Suivant un témoin oculaire, le renard s'est enfui du champ de bataille, avec un œil de moins et un nombre illimité de coups de griffes, et le chat s'est empressé de chercher un refuge sur un chêne élevé, où on l'a aperçu, fort occupé à panser les blessures qu'il avait reçues.

Le chat a été abattu quelque temps après d'un coup de fusil, et l'on a alors reconnu qu'une de ses pattes était brisée et que son train de derrière se trouvait mis à nu par une suite de coups de dents que lui avait distribués son antagoniste.

Le chat et le chien qui ont accompagné le sieur Lunardi dans son voyage aérien, ont été l'objet de la curiosité de la ville de Londres, qui leur a porté un tribut de plus de quatre mille guinées !

(Extrait des *Considérations sur l'ordre de Cincinnatus*.... par le comte de Mirabeau.—Londres, 1785, p. 330, note.)

On sait que l'entrechat est une sorte de mouvement qui se fait dans la danse haute, où le danseur croise les jambes à plusieurs reprises pendant qu'il est en l'air.

Ce mot tire probablement son origine des mouvements que font les chats au milieu des sauts périlleux, en tricotant leurs pattes, pour retrouver ou conserver leur équilibre.

On lit dans l'*Écho du Pacifique*, décembre 1865 :

« Une voiture chargée de chats et de poulets, il y a environ un mois, est arrivée aux mines de Boisée (Californie). Dire que son chargement a trouvé un bon et rapide débouché, est superflu, qu'on en juge : les chats se sont vendus à raison de dix dollars par tête et les poulets à cinq dollars pièce, dès le début; mais on les a laissés à la fin à 36 dollars la douzaine Tandis que pour la gent volatile la baisse se faisait sentir, pour la gent féline, au contraire, il y avait forte tendance à la hausse. Les écureuils et les rats de champ sont si abondants, que tous les chats de la côte du Pacifique n'y suffiraient pas. Quant aux chiens, ils sont tout à fait dépréciés sur place. »

Aristote écrit à Alexandre qu'un dos étroit dénote un esprit discordant, et que l'homme ainsi conformé doit être comparé aux singes et aux chats.

(*La Caricature dans l'antiquité*, par Champfleury.)

Est-ce sérieux ? On parle d'un impôt à mettre sur les chats. Peut-être a-t-on tort d'en causer, car l'idée de cet impôt pourrait venir à ceux qui ne l'ont pas. C'est bien le cas de dire : Ne réveillons pas le chat qui dort. (*Gazette de France*, 5 février 1866.)

MORT AUX CHATS !

Tel est le cri poussé par M. Honoré Schæfer.

Le gibier diminue chaque année, mais ce n'est pas parce que chaque année le nombre des chasseurs augmente. Les petits oiseaux deviennent de plus en plus rares, mais ce n'est pas aux petits polissons qui dénichent des nids à œufs qu'il faut s'en prendre. Le braconnier ni le maraudeur ne sont pas davantage coupables de la disette qui croît tous les ans en raison inverse des soins que la société protectrice des animaux apporte à la conservation et au bien-être des bêtes.

C'est le chat ! C'est ce carnassier vorace qui cause tout le mal. — Sus au chat ! et je le prouve.

Il y a en France six millions de maisons rurales.

Chaque maison a un chat pour le moins. Donc inscrivons : Chats. . . . . 6,000,000.

Que chaque chat se paye, dans le courant de l'année. le plaisir de croquer seulement une paire de lapereaux et autant de levrauts, ci : 24 millions de pièces.

A chacun une douzaine de jeunes perdreaux, et c'est peu, nous arriverons au chiffre de 72 millions de perdreaux.

Quant aux alouettes, mauviettes, ortolans et autres oisillons, en ne leur en supposant qu'un par jour, nous arrivons au chiffre fabuleux de 2 milliards 190 millions.

Ce n'est pas exagéré de croire que ces chats de campagne que le paysan ne nourrit pas exprès afin qu'ils le débarrassent des souris, croquent chacun par an :

Petits oiseaux,	365
Perdreaux,	12
Lapereaux,	2
Levrauts,	2
	381 pièces.

Nous ne demandons pas que l'on fasse une hécatombe de ces six millions de chats pour remédier au mal que signale M. Schæfer, mais il serait bon de conseiller aux paysans de nourrir un peu plus leurs animaux domestiques.

J. Denizet.

(Extrait du *Charivari*, 3 décembre 1865. Article sur l'*Académie des sciences*.)

ÉDUCATION.

La différence du chat et de l'homme, c'est que le premier, plein de vices par sa nature, se corrige par l'instruction; on le voit se plier à nos manies et à nos caprices et faire tout ce qu'il peut pour nous plaire et nous charmer. En les élevant bien, ils deviennent sobres, doux, tranquilles, cessent d'être voleurs et dédaignent même le plaisir de prendre par ruse et par adresse les souris et les rats.

L'homme, au contraire, n'acquiert souvent du savoir et de l'instruction que pour en abuser et mettre à profit toutes les malices du monde.

L'éducation du chat sert à le rendre moins cruel et moins vorace, celle du chien ne sert souvent qu'à lui donner des mœurs féroces et barbares. On élève des chiens pour aller écorcher, détruire et dévorer dans les forêts les animaux les plus doux, les plus paisibles de la terre et les moins nuisibles à l'homme.

Près de Paphos, plus tard Bafa, est un cap célèbre à la pointe de l'île de Chypre; on l'appelle le cap des Chattes. En voici la légende : Il y avait un monastère, dont les religieux entretenaient autrefois une certaine quantité de chats pour faire la guerre aux serpents qui désolaient la contrée. Ces animaux étaient parfaitement disciplinés; au son d'une certaine cloche, ils se rendaient tous à l'abbaye pour faire leur repas, et retournaient ensuite dans les campagnes, où ils continuaient leur chasse avec un zèle et une adresse admirables.

(Extr. de Debrèves, *Voyage du Levant*.)

Au dernier tableau du *Dahlia magique*, ou *le Nain Bleu*, féerie du théâtre Comte, le héros de la pièce faisait le tour de la scène sur un char traîné par seize chats *vivants*. Voilà qui ne s'accorde guère avec ce que dit Ch. Baudelaire dans son sonnet sur les chats :

« L'Erèbe les eût pris pour ses coursiers funèbres,
« S'il pouvaient au servage incliner leur fierté. »

ENSEIGNES DE COMMERCE.

La plupart des marchands de Paris avaient encore, au siècle dernier, l'habitude de prendre un chat pour enseigne ; cette habitude s'est conservée jusqu'à nos jours, et l'on voit encore aujourd'hui bon nombre de maisons de commerce avoir pour enseigne : *Au Chat noir ; au Chat qui pêche ; au Chat qui pelote ;* au Shah de Perse ; au *Chat botté ; à la Patte de Chat*, etc.

Les Sessa, imprimeurs à Venise au XVIe siècle, avaient adopté un chat pour leur marque. Parfois l'animal est représenté tenant une souris dans sa gueule ; parfois il est majestueusement assis et promène autour de lui un regard perçant. Dibdin a jugé cette marque digne d'être reproduite dans son *Bibliographical Decameron*.

EXPOSITION.

Il eût été étonnant que l'idée d'une exposition de chats ne fût venue à personne ; et puisque nous sommes sur ce sujet, voici une lettre qui nous est adressée par une dame qui signe Maria Marini :

« Paris possède des échantillons de la race féline à faire honte aux illustres chats de la ville d'Angora eux-mêmes. Pourquoi ces charmants mais traîtres animaux n'auraient-ils pas l'honneur de figurer au Jardin d'acclimatation, tout aussi bien que les chiens de meute, les lévriers, les chiens de berger, les terreneuviens, et les king's-charles, à qui leurs maîtresses allaient tendrement porter leur café au lait et leur brioche ?

« Où trouver un animal plus joli, plus gracieux qu'un chat, depuis le gros angora emmitouflé dans sa longue fourrure et dormant d'un sommeil léthargique, jusqu'au chat de gouttière au poil lisse et lustré, courant tout guilleret à la recherche d'une minette de ses amies ?

« Comment ! le chat adoré des Égyptiens n'aurait pas chez nous nous droit à une exposition !

« Moi qui vous écris, j'ai deux chats, deux bijoux, l'un noir comme l'enfer, l'autre blanc comme la blanche hermine, et voyez comme l'habit ne fait pas le moine : le noir, qui a l'air d'un suppôt de Satan, et qui serait digne d'orner l'antre d'une sorcière et de l'accompagner au sabbat, tant son poil d'un noir intense et ses yeux d'un vert éblouissant lui donnent un aspect méphistophélique, le noir est la douceur même, l'amabilité en personne, tandis que le blanc, qui par parenthèse est une chatte, une délicate qui vous regarde d'un air mourant, qui miaule comme si elle n'avait plus que le souffle, est la plus perfide, la plus furtive et la plus voleuse des minettes.

« Gare à la main qui la caresse ou au buffet dont la porte est mal close. Elle griffe l'une impitoyablement et dévaste l'autre sans remords !

« Vous comprenez que je me meurs d'envie d'exposer ces deux merveilles, surtout maintenant que le noir et le blanc sont à la mode, et je compte sur vous pour réclamer une exposition de chats pour le mois de mars ou d'avril prochain, car c'est alors que leurs voix ont le plus d'éclat, leurs roulades plus de douceur, et que leurs beaux yeux brillent plus phosphorescents. »

Nous avons supprimé de la lettre qui précède plusieurs observations malicieuses qui nous font croire à la véracité du *Post-scriptum* : « Je vous prie de croire « que, quoique j'aime les chats, je ne suis ni vieille, « ni laide, ni portière, » ce qui nous ferait désirer, si une exposition de chats avait lieu, que les animaux exposés ne fussent pas séparés de leurs propriétaires.

H. DE SAINT-BRÈS.

(*Le Petit Journal*, 29 nov. 1863.)

HORLOGE.

C'EST LE CHAT... QUI SERT DE CADRAN SOLAIRE AUX CHINOIS. — On a cité ce que dit l'abbé Huc, d'après un naturaliste chinois, sur la disparition des hirondelles pendant l'hiver. A la suite, il rapporte un singulier moyen usité, dans plusieurs provinces de la Chine, pour savoir l'heure par l'examen de l'œil du chat (p. 358 de l'édit. in-18). « Nos complaisants néophytes... nous « apportèrent trois ou quatre chats et nous expli« quèrent de quelle manière on pourrait se servir avan« tageusement d'un chat en guise de montre. Ils nous « firent voir que la prunelle de son œil allait se rétré« cissant à mesure qu'on avançait vers midi ; qu'à midi « juste elle était comme un cheveu, comme une ligne « d'une finesse extrême, tracée perpendiculairement « sur l'œil ; après midi, la dilatation recommençait. « Quant nous eûmes examiné bien attentivement tous

« les chats..., nous conclûmes qu'il était midi passé ;
« tous les yeux étaient parfaitement d'accord. »
(*L'Intermédiaire*, 1864, n° 16, p. 256, col. 1.)

INDÉPENDANCE.

L'horreur qu'il a pour l'esclavage et tout ce qui tend à enchaîner sa volonté est si forte, que le châtiment qu'il craint le plus est celui d'être forcé d'obéir.

Dans la gêne, le chat dépérit. Lemery, après avoir mis dans une cage un chat, y fit passer des souris ; le chat, loin de leur faire du mal, les regardait avec insouciance ; les souris, rassurées, se mirent à agacer l'animal, mais il ne daigna pas y répondre.

INSTINCT.

Chasse de la souris. — Dès qu'un chat s'aperçoit d'un trou de souris, il va s'assurer en le flairant s'il est fréquenté. Si son nez lui décèle l'existence d'une souricière, il ne s'en occupe pas pendant le jour ; mais dès que la nuit est arrivée, il se glisse en rampant auprès du trou, et là dans le silence, et sans qu'aucun mouvement le décèle, il attend patiemment sa proie ; il se met toujours à une certaine distance, afin de pouvoir s'élancer sans gêne. Après quelques heures de guet, si la souris ne paraît pas, il va faire sa ronde dans l'appartement, et inspecter tous les coins ; lorsqu'il voit que tout est tranquille, il retourne à sa place jusqu'au jour. Il continue toutes les nuits le même commerce, jusqu'à ce qu'enfin la souris soit tombée dans ses griffes.

Au commencement du mois, des habitants de Rouen

qui partaient pour la chasse enfermèrent une chatte, par mégarde, dans un cabinet.

A leur retour, après dix-huit jours d'absence, ils trouvèrent la pauvre bête qui, dès qu'elle entendit du monde dans la maison, se prit à miauler pour qu'on lui vînt ouvrir : elle était fort amaigrie, mais vigoureuse encore.

La malheureuse bête, pendant sa captivité, avait eu des petits ; mais on ne les trouva pas ; comme Ugolin, devenue folle de faim, elle les avait mangés.

On constate également qu'elle avait mangé le bas du rideau de fenêtre.

Ce qui est singulier, c'est que lorsqu'on lui offrit à manger après ce terrible jeûne, elle n'y goûta qu'à peine et eut la sagesse de ne reprendre de la nourriture que graduellement.

Les animaux ont été de tout temps nos maîtres en hygiène.

(Le *Petit Journal*, 1er octobre 1864.)

Mme Dupin, fille de Samuel Bernard, femme d'un fermier général, avait jusqu'à douze chats à la fois, à chacun desquels elle avait assigné un rôle et un traitement particulier. L'un était admis sur ses genoux, l'autre aux faveurs de son lit ; tel n'avait que les entrées de l'appartement, tel était borné à l'antichambre, à l'office, etc. Tous gardaient diligemment leur poste, sans souffrir qu'on les en débusquât, et ce qu'il y a de plus piquant, c'est que leurs mœurs, leurs caractères étaient conformes au poste qu'ils occupaient.

Mme Dupin avait un chat de prédilection nommé Bibi, le Mathusalem des chats, qui a vécu vingt-cinq ans. Centenaire comme sa maîtresse, il est allé mourir sur sa tombe, deux jours après elle.

Tous ces détails ont été confirmés, par des témoins oculaires, à M. Desherbiers.

Un grand voyageur. Le lieutenant-colonel W. Wrright, de la marine royale, a récemment dû quitter Plymouth pour cause de promotion. Le samedi 30 décembre 1865, un chat favori fut placé soigneusement dans une corbeille et transporté par chemin de fer de Plymouth à Portsmouth, où il fut reçu dans la nouvelle demeure du colonel. Le chat y passa la nuit du samedi, mais le dimanche il disparut.

Mercredi, le 3 janvier, on l'aperçut dans le jardin de l'ancienne maison de son maître, à Plymouth. Cette maison est actuellement inoccupée, et le chat a été nourri depuis par un officier du corps qui demeure dans le voisinage. L'animal est un beau chat d'un an ; il est né dans la maison du colonel à Plymouth, et n'avait jamais quitté la ville avant son voyage en chemin de fer. On ne peut s'expliquer comment il est parvenu à retrouver la route de son lieu natal, et à franchir en si peu de temps une aussi grande distance (1).

Vers adressés par madame d'Houdetot à madame Prévot, son amie et sa voisine :

Belle Eglé, vous aimez les chats.
On les accuse d'être ingrats ;

(1) Cette anecdote me rappelle le chat de ma tante, madame Coste de Montri, qui demeurait rue Vieille du Temple. Elle déménagea et vint demeurer rue Sainte-Marguerite Saint-Antoine. Au bout de deux jours, le chat disparut, et environ quinze jours après, ma tante, allant voir une ancienne voisine de la rue Vieille du Temple, y trouva son chat,) qui avait su retrouver son chemin au travers des milliers de maisons de Paris. (*Note de l'éditeur.*)

Avec beaucoup d'esprit, ils ont l'humeur légère,
Le cœur volage et peu sincère;
Mais des gens avec qui l'on vit
On prend beaucoup, à ce qu'on dit.
Aimable Eglé, s'il peut vous plaire,
Ce chat auprès de vous gardera son esprit,
Et changera son caractère.

(*Correspondance littéraire* de Laharpe, tome II, lettre 160.)

ITALIE.

La ville de Rome fourmille de chats. Tous les jours, on y voit, à une certaine heure, des bouchers faire le tour des rues. A leurs cris, qu'ils reconnaissent parfaitement, les chats sortent des maisons, pour recevoir chacun sa part, entretien pour lequel les maîtres sont tenus à payer une petite pension.

Du reste, toutes les parties du chat sont, en Italie, regardées comme des remèdes universels. On y porte au cou l'arrière-faix des chattes, pour fortifier la vue; le sang est bu contre l'épilepsie; la peau guérit des refroidissements de l'estomac; l'urine, de la surdité, et le fumier, de la goutte. Le foie brûlé en poudre est recommandé pour la pierre et la bile. La chaleur animale des oreilles est reconnue être un remède efficace contre le panaris.

(*Les Chats,* par Paul Klotz, article inséré dans le journal le *Soleil,* 2 janvier 1866.)

LONGÉVITÉ.

Pline fait vivre les chats six ans; Aldrovande, dix ans. Mais ils vont souvent jusqu'à douze et même quinze ans.

MALADIES.

Hurtrel d'Arboval, dans son *Dictionnaire de médecine vétérinaire,* parle des maladies des chats et des traitements à suivre.

On cite plusieurs épidémies, l'une de la Westphalie, en 1673, qui fit périr presque tous les chats du pays; une autre, en 1779, fit périr une partie des chats de la France, de l'Allemagne, de l'Italie et du Danemark.

Sur 228 cas de rage qui se sont produits en dix ans, la statistique en attribue un seul au renard, 13 aux chats, 26 aux loups, et le reste, c'est-à-dire 188, à la morsure des chiens.

(*De la rage chez les chiens*, par le docteur Patin, 1863.)

Mattioli pense que l'haleine des chats peut causer la phthisie à ceux qui la respirent. Cet auteur en rapporte plusieurs exemples.

Mattioli, liv. VI, in Dioscorid., c. 25, cite un couvent où tous les religieux périrent de la rage que leur communiquèrent leurs chats.

PHÉNOMÈNE.

On lit dans le *Journal de Granville* (avril 1864) :

UN CHAT A HUIT PATTES.

« Ce petit monstre est né d'une chatte appartenant à M. I. Lenoir, et a vécu pendant quelques heures. Il n'a qu'une tête; il est noir comme de l'ébène; les quatre pattes de devant sont disposées en sens inverse : c'est-à-dire qu'il y en a deux en l'air, sur les épaules, et deux dans une position normale. Ce double animal, qui mesure environ 25 centimètres, est séparé en deux à partir des côtes jusqu'aux derrières, qui sont absolument ordinaires et ont chacun deux pattes et chacun une queue ; ce qu'il y a d'extraordinaire encore, c'est que l'un des chats est mâle et l'autre femelle. Telle est la description fidèle de ce phénomène, que son propriétaire va faire empailler et qui ne peut manquer d'exciter une grande curiosité. »

PROVERBES ET DICTONS

FRANÇAIS.

A bon chat, bon rat, équivaut à : A trompeur, trompeur et demi ; ou Fourbe contre fourbe.

Acheter chat en poche. Conclure un marché sans avoir vu la marchandise que l'on achète.

Acheter le chat pour le lièvre équivaut au précédent.

Appeler un chat un chat. Nommer les choses par leur nom.

« J'appelle un chat un chat et Rolet un fripon. »

(Boileau, *Satires.*)

Avoir joué avec les chats : avec des traîtres.

Avoir un chat dans la gorge. Se dit d'un chanteur qui éprouve quelque embarras dans le gosier.

Bailler le chat par les pattes. Présenter une chose par l'endroit le plus difficile à saisir.

C'est le nid d'une souris dans l'oreille d'un chat. C'est une chose impossible.

Chat échaudé craint l'eau froide. Une personne trompée prend garde de ne point l'être une seconde fois, et par conséquent se méfie de tout le monde.

Chat échaudé ne vient pas en cuisine. Équivaut au précédent.

Chattemite. Vieux mot burlesque qui signifie, flatteur, hypocrite, dissimulé :

« Vive la sœur Marguerite
« Pour bien faire la chattemite. »

(*Poëte anonyme.*)

Devenir aussi fier qu'un chat amadoué. Devenir très-assuré par suite des caresses ou des flatteries que l'on a reçues.

Dès que les chats seront chaussés. De bon matin.

Emporter le chat. Sortir d'un endroit sans dire *adieu.*

Entendre bien chat, sans qu'on dise minon. Entendre à demi-mot.

Propre comme une écuelle à chat.

Enfermez votre fromage ou le chat le mangera.

Être du naturel des chats. Tomber toujours sur ses jambes, et savoir se tirer avec adresse de toutes les situations embarrassantes.

Faire de la bouillie pour les chats. Travailler inutilement.

Il passe là-dessus comme un chat sur la braise. Se

dit d'un homme qui glisse avec rapidité sur un fait honorable.

Jeter le chat aux jambes. Accuser injustement quelqu'un.

Laisser aller le chat au fromage. Se dit d'une jeune fille qui se laisse séduire.

La nuit, tous chats sont gris. Bien des choses ne peuvent être appréciées la nuit.

Le mou est pour les chats. La chose qui convient le mieux à l'individu.

Musique de chat. Musique dont les voix sont aigres et discordantes.

Ne réveillez pas le chat qui dort. Laissez en repos ceux qui peuvent vous faire du mal. Ne pas rappeler une affaire passée, qui pourrait faire renaître le souvenir d'une querelle, ou vous attirer de nouveaux désagréments (1).

On ne saurait retenir le chat quand il a goûté la crème. On a bien de la peine à corriger celui qui s'est habitué à quelque chose.

Payer en chats et en rats. Un mauvais payeur qui ne paye qu'en promesse.

Potron-Minet. La pointe du jour.

Les magistrats n'oublient jamais combien leur présence est nécessaire pour contenir la présence du

(1) N'as-tu pas tort
De réveiller le chat qui dort?
(Scarron, *Virgile travesti.*)

peuple, lorsqu'ils ont appris que les *rats se promènent à l'aise, là où il n'y a point de chats.*

(*Extraits des illustres proverbes nouveaux et historiques,...* 1665, t. II, p. 199.)

Se servir de la patte du chat pour tirer les marrons du feu. Exposer quelqu'un à des hasards afin de profiter de sa simplicité.

S'aimer comme chien et chat : Se haïr.

Se dépiter comme un chat borgne. Expression employée dans les *Contes d'Eutrapel,* t. II, p. 205.« Elle se dépite comme un chat borgne, feignant ronfle et faisant bien la chiabrena.... »

Trotter comme un chat maigre. Aller vite.

GASCON.

Encor que ton gat sie layroun.
Non lou cassez de ta maisoun.
Quoique ton chat soit larron,
Ne le chasse pas de ta maisoun.

Quan lou gat ès hore de la maisoun
Murguetter rats en leur temps è sasoun,
De l'houston deou gat,
Nez iamés sadout lou rat.

PROVERBES ÉTRANGERS.

ALLEMANDS.

Eine Katze has. Un chat a neuf vies comme l'oignon a sept peaux.

Der Katzen scherz... Ce qui est un jeu pour le chat est la mort pour la souris.

Er gebt herum... Il tourne autour comme un chat auprès d'une écuelle de lait chaud.

Es sind so gute Katzen... Les chats qui chassent les souris sont aussi bons que ceux qui les attrapent.

Schmeichler sind katzen... Les flatteurs sont comme les chats qui lèchent par devant et égratignent par derrière.

Wer nicht ernahren... Celui qui ne veut pas nourrir les chats doit nourrir les souris et les rats.

Er ist zo viel van einer Katze... C'est trop attendre d'un chat, que de compter qu'il se tiendra auprès du lait sans essayer d'en boire.

Versengte Katzen... Chats échaudés vivent longtemps.

Wer sich mausig macht... Celui qui se fait souris sera mangé par le chat.

AMÉRICAIN :

Il n'y a pas de chat si fourré qu'il n'ait des griffes.

ANGLAIS :

A scalded cat fears cold water.

They agree like cat and dog.

When cats are out, all cats are grey.

ESPAGNOLS :

A su amigo el gato siempre le dejà senalado. Le chat laisse toujours sa marque sur son ami.

Buen amigo es el gato sino que rascuna. Le chat est un bon ami et cependant il égratigne.

El mur que no sabe mas de un horado, presto le

toma il gato. La souris qui ne connaît qu'un trou, est bientôt prise par le chat.

On dit aussi : *Raton que no sabe...*

Quien ha de rechar el cascabel al gato? Qui est-ce qui attachera le grelot au chat?

Vanse los gatos, y estiendense los ratos. Les chats sont sortis, les rats s'amusent.

Al gato por ser ladron, non le eches de tu mansion. Quoique ton chat soit voleur, ne le chasse pas de ta maison.

De casa del gato non va harto el rato. Le rat ne sort pas bien repu de la maison du chat.

Como perros y gatos. Comme chiens et chats.

Haber gran prisa a echar gatos. S'empresser de jeter des chats. Se dit des gens qui donnent de mauvaises raisons de leurs retards.

La mano del gato. La main du chat. Se dit des femmes qui font leur toilette.

Non hacer mal a un gato. Il ne ferait pas mal à un chat. Se dit d'un homme débonnaire.

Quien ha de llevar el gato al agua? Qui portera le chat à l'eau? Qui résoudra la difficulté?

Vender gato por liebre. Vendre un chat pour un lièvre.

Con hijo de gato no se burlan los ratones. Les rats ne jouent pas avec un fils de chat.

La gata de Mari Ramos. Expression qui désigne une

personne qui cherche à atteindre sournoisement le but qu'elle se propose, tout en affectant l'indifférence.

Gato maullador, nunca buen cazador. Celui qui parle le plus n'agit guère.

Hasta los gatos tienen romadizo. Ce dicton s'applique aux gens qui se vantent de qualités qu'ils ne possèdent pas.

Gato escaldado del agua fria ha miedo. Chat échaudé craint l'eau froide.

HOLLANDAIS :

Bij nacht zijn alle katten graauw. La nuit tous les chats sont gris.

Die jaagt met katten vangt maar ratten. Celui qui chasse avec des chats n'attrapera que des rats.

ITALIENS :

La gatta di Masino che serrava gli occhi per non veder i toppi. La chatte de Masino qui fermait les yeux pour ne pas voir les souris. Il n'y a pas de pire aveugle que celui qui ne veut pas voir.

Dans le *Thesaurus proverbiorum* de B. Bolla (Francfort, 1605), on trouve le proverbe suivant, cité par M. Delepierre : *Macaronéana andra.* Londres, 1862, p. 57 :

Egli è innamorato come un gatto.—Est amorosus ut felis. (Il est amoureux comme un chat.)

Vieni qua che t'insegnerò qual mese choua le gatti. Viens, que je t'enseigne en quel mois les chattes se trouvent pleines.

JAPONAIS :

Quand votre femme est infidèle, il ne faut pas caresser son chat, se dit probablement, que l'on doit mépriser tout ce qui touche de près ou de loin la femme qui vous a fait des infidélités.

(Communiqué par M. Léon de Rosny.)

PERSAN :

Le chat dévot a fait sa prière. Se dit d'un tartufe qui joue la dévotion pour mieux tromper le monde.

(*Revue orientale,* t. III, Paris, 1860.)

PORTUGAIS :

Bom amigo he o gato, seraô que arranha. Le chat est un bon ami, seulement il égratigne.

De noite todos os gatos saô pardos. La nuit tous les chats sont gris.

Gato escaldado da agoa fria hà medo. Chat échaudé craint l'eau froide.

Quando en casa no està o gato estendese o rato. Quand le chat n'est pas à la maison, le rat se divertit.

Palabras de santo y cenhas de gato. Paroles de saint et griffes de chat. On dit en espagnol : *Cara de beato y unas de gato.*

RUSSE :

Jeux de chat, pleurs de souris.

PRUDENCE

Le chat est d'une méfiance extrême; tout ce qui est nouveau l'effraye et le fait se cacher. Mais il est aussi très-curieux, et aussitôt que le premier moment de frayeur est passé, il revient avec prudence se rendre compte de la chose qui l'a effrayée. Il ne boit et ne mange jamais sans avoir flairé préalablement.

Il ne peut être dupé qu'une seule fois en sa vie ; il est armé d'une grande défiance, non-seulement contre ce qui l'a trompé, mais même contre tout ce qui lui fait naître l'idée de la tromperie.

RÉVÉLATION

Un particulier fut assassiné dans sa maison par un parent qui voulait jouir de sa succession. La justice se transporta au domicile du défunt. Un gros chat s'élance tout en haut d'une armoire, et se jette au milieu de la foule sur un homme, dont il déchire le visage avec la plus grande fureur. Par un pressentiment, le chirurgien s'écria : *Voilà sûrement le meurtrier ; je demande qu'on l'arrête.* A ces mots, le malheureux, couvert d'égratignures et tout en sang, veut s'échapper ; mais il est arrêté. Pénétré de terreur, il se jette aux pieds des magistrats, et avoue publiquement son crime. Le docteur fut surnommé Martin-Chat.

(*Dictionnaire d'anecdotes*, t. II, p.274, Paris, 1820.)

SENS

Le chat a l'odorat très-délicat, l'ouïe excellente, le sommeil très-léger, et si quelque souris a l'imprudence de venir gratter ou se promener autour de lui, il est toujours prêt à la surprendre.

SENTIMENT MUSICAL

Le philosophe Mercier dit :

« Le chat est, de tous les animaux, celui qui a l'accent le plus expressif. Il déchire le cœur, tout en révoltant les oreilles. Il a des sons plaintifs dans ses amours, qui ont une énergie particulière... »

Le Clerc, *bibliothèque choisie,* t. I, p. 293 et 294, de Grew, *Cosmologie sacrée,* et l'ouvrage sur *les Chats,* de Moncrif, avancent que : « Les chats sont très-avantageusement organisés pour la musique ; qu'ils sont capables de donner diverses modulations à leurs voix, et que, dans les expressions des différentes passions qui les occupent, ils se servent de divers tons.

« Notre musique, à nous autres modernes, dit Moncrif, est bornée à une certaine division de sons que nous appelons tons ou demi-tons; et nous sommes assez bornés nous-mêmes pour supposer que cette même division comprend tout ce qui peut être appelé musique ; de là nous avons l'injustice de nommer mugissement, miaulement, hennissement, des sons dont les intervalles et les relations, admirables peut-être dans leur genre, nous échappent... Les Egyptiens avaient étudié vraisemblablement la musique des animaux, ils savaient qu'un son n'est ni juste, ni faux en soi... »

Valmont de Bomare a vu, à la foire de Saint-Germain, des chats qui faisaient de la musique. Ces animaux, dit-il, étaient placés sur des tables avec un papier de musique devant eux, et au milieu était un singe : à un signal donné, les chats faisaient des cris et des miaulements tristes et plaisants. Ce concert fut annoncé au peuple sous le nom de miaulique.

SUPERSTITIONS

Le culte des chats, en Egypte, remonte dans la nuit des temps.

Les Egyptiens croyaient que Diane, voulant échapper aux géants, s'était cachée sous la forme d'un chat.

Le dieu Chat se nommait Elurus; il était représenté quelquefois avec des traits humains (Montfaucon, *Antiquités*, t. 11e du suppl., pl. 44).

Isis, sous la forme d'une chatte, présidait sur les cœurs. Les amants l'invoquaient pour acquérir le don de plaire. (Moncrif, *les Chats.*)

On vouait les enfants aux chats et on portait le portrait du chat auquel on avait été voué. (Diod. de Sicile, p. 74.)

Cambyse, roi de Perse, voulant s'emparer de la ville de Péluse (nommée anciennement Avaris, et auparavant Triplion, suivant Manéthon), sachant que la garnison de cette place était composée entièrement d'Egyptiens, mit à la tête de ses troupes un grand nombre de chats; ses capitaines et ses soldats en portaient chacun un en forme de bouclier. Les Egyptiens, dans la crainte de confondre ces chats avec leurs ennemis, se rendirent sans coup férir. (*Polienus*, liv. 3 ;

Hérodote, liv, 2; Diod. de Sicile, liv. 1 ; Prideaux, *Hist. des Juifs*, t. I, p. 303).

Ce fut ce même Cambyse qui le premier porta atteinte à ce culte en faisant fouetter, dans les rues de Memphis, un des chats que la ville adorait. Cette profanation causa dans la ville une très-grande consternation.

En Egypte, le chat était non-seulement un dieu, mais vengeur des autres dieux. *Ochus*, roi de Perse, qui, non content d'avoir dévasté l'Egypte, démantelé les villes, pillé les maisons et les archives conservées dans les temples, voulut encore tuer le dieu Apis, c'est-à-dire le taureau sacré que les Egyptiens adoraient sous ce nom. Le peuple, pour se venger d'une telle conduite, fit manger le corps mort d'*Ochus* par des chats, à qui il le donnait haché en petits morceaux. (V. Diodore de Sicile, Plutarque, Justin, Quinte-Curce, Rollin, les *Mém. de l'Académie des Inscriptions*, etc.)

Quiconque avait eu le malheur de tuer un chat, fût-ce par accident, était puni de mort. Diodore de Sicile rapporte avoir vu, à Alexandrie, un Romain, qui avait tué un chat, massacré par la populace : ni la crainte des Romains, ni les sollicitations des envoyés du roi Ptolémée même, ne purent le mettre à l'abri de la fureur du peuple.

On serait mort de faim, à une époque de disette, plutôt que de toucher à la chair du dieu-chat; et lorsqu'un d'eux venait à périr de mort naturelle, tous les habitants de la maison où cette catastrophe était arrivée se rasaient les sourcils en signe de deuil. (*Curiosités théologiques*. Paris, 1861, p. 202.)

Les Egyptiens parfumaient les chats, les faisaient coucher dans des lits somptueux; ils employaient tous les secrets de la médecine à traiter et conserver ceux qui étaient nés d'un tempérament délicat; ils donnaient de bonne heure à chaque chatte un époux convenable, observant avec attention les rapports de goûts, d'humeur et de figure. Quand dans un incendie un chat venait à périr, ils prenaient un deuil solennel; alors les femmes, oubliant jusqu'à leur beauté, se barbouillaient le visage, et couraient par la ville échevelées et dans un état complet de désolation.

Lorsqu'un chat venait à mourir, les magistrats venaient avec cérémonie s'emparer du mort; ils l'embaumaient avec de l'huile odoriférante, du cèdre et plusieurs autres aromates propres à le conserver, et on le transportait à Bubaste (1), pour y être inhumé dans une maison sacrée. (Plutarque; Hérodote, liv. second.)

Le renversement des autels du chat paraît être du 4e siècle de l'ère chrétienne.

Aujourd'hui encore le chat est très honoré en Orient et particulièrement en Egypte.

Le Musée du Louvre, à Paris, ainsi que plusieurs riches collections de l'Europe, possèdent des momies et statuettes des dieux-chats égyptiens.

Les Arabes adoraient un chat d'or. (Plin., lib. 6, cap. 29, *de Fele, sive carto animali*).

Le diable (Lucifer) est la figure de la lumière. Ève perdit le séjour du paradis terrestre, pour s'être laissé

(1) Autrement dit *Æluropolis*, la ville des chats.

tenter à mordre au fruit de l'arbre de la *science* du bien et du mal. Le chat n'est-il pas, après Ève, l'animal le plus sujet à la malédiction divine? Il est curieux, cherche à se rendre compte de tout; aussi ne faut-il pas s'étonner qu'il ait été considéré comme figure de l'hérésie.

Un prédicateur du XIVe siècle compare le chat aux hérétiques.

Saint-Dominique, ce grand convertisseur, qui brûlait tout ce qu'il ne convertissait pas, avait coutume de représenter à son auditoire le démon sous la forme d'un chat.

Vincent de Beauvais, son disciple et son historien, rapporte ce fait.

On brûlait des chats à la place de Grève, au feu de la Saint-Jean, dans un sac ou muid. Il est parlé de cet usage cruel dans le libelle violent dirigé contre Henri III, le *Martyre de Jacques Clément* (Paris, 1589, p. 34); une lettre de l'abbé Lebeuf (*Journal de Verdun*, août 1751), relative au feu de la Saint-Jean, donne des détails sur cette coutume, à laquelle il est aussi fait allusion dans un opuscule fort rare : *le Miroir de contentement* (Paris, 1619, in-12, p. 4) :

Un chat, qui d'une course brève,
Monta au feu Saint-Jean en Grève;
Mais le feu ne l'épargnant pas
Le fit sauter du haut en bas.

Il se passe à Metz, tous les ans, une cérémonie qui est bien à la honte de l'esprit : les magistrats viennent gravement sur la place publique exposer des chats dans une cage, placée au-dessus d'un bûcher, auquel on met le feu avec un grand appareil; et le peuple, aux cris affreux que font ces pauvres bêtes, croit faire souffrir encore une vieille sorcière qu'on prétend s'être autrefois métamorphosée en chat, lorsqu'on alloit la brûler. (Moncrif, *les Chats*, lettre 9.)

L'*Almanach des Songes*. Paris, 1864, article *Chat* : « Larron subtil, trahison de proche parent. — Rêver que l'on se *bat contre un chat*, signifie qu'on arrêtera un voleur. — *Manger du chat*, signifie qu'on aura les dépouilles du voleur par qui on a été dépouillé. — *Être égratigné par un chat*, signifie maladie et affliction. — *Furieux et sautant sur quelqu'un :* Attaque de voleurs, etc., etc. »

Chez les Indous, si un chat passe entre le maître et son élève, l'étude doit être suspendue pendant un an et un jour. (*Curiosités théologiques*, p. 216.)

Anciennement on regardait comme de mauvais augure, un chat traversant le chemin.

Séjan fut tué après qu'un chat eut traversé devant lui, lorsqu'on lui rendait les saluts du commencement de l'année. *Valer*. (*Dict. général,* de César de Rochefort.) Lyon, 1685.

Fontenelle dit qu'il a été élevé à croire que, la veille de Saint-Jean, il ne restoit pas un seul chat dans les villes, parce qu'ils se rendoient ce jour-là à un sabbat général. (*Les Chats*, par Moncrif.)

Extrait des *Plaidoyers d'un perroquet, d'un chat et d'un chien* :

« Ces pauvres chats ! ce n'est pas assez de leurs

tours et de leurs vols continuels : la crédulité et la superstition viennent encore les accabler. Combien de femmes aimeroient autant se trouver avec le grand diable que seules avec un gros chat noir ! Combien de contes sur les personnes trop attachées à des chats, qui en furent étranglées ou étouffées ! Il est peu de veillées dans le village, où le mystérieux chat noir ne joue un rôle. Et puis cette fameuse histoire d'un chat que sa maîtresse faisoit manger et coucher avec elle ! Un jour qu'en grande société elle n'osoit lui accorder la même faveur, le chat, mécontent, lui dit : *Ma maîtresse, pourquoi me rebutez-vous? Vous vous en repentirez.* Que sait-on ce qui en seroit arrivé, si le curé, avec son clergé et l'eau bénite, n'étoit venu exorciser la chambre ? »

On voit tant de personnes qui ne peuvent souffrir la vue d'un chat, à cause de la peur que ces animaux ont faite aux mères de ces personnes, lorsqu'elles étaient grosses.

(*Rech. de la vérité*, par le P. Malebranche, t. Ier et II, p. 189 et p. 175.)

LES CHATS DE BEAUGENCY.

Un architecte ne pouvait construire le pont de Beaugency. Il était bien parvenu à bâtir la presque totalité des arches, mais, dès qu'on finissait la dernière, elle tombait toujours. Cela était arrivé jusqu'à trois et quatre fois ; le pauvre architecte ne savait à quel saint se vouer : enfin il appela le diable à son secours. Le diable se charge de l'ouvrage à la condition que la première âme qui passerait sur cette arche lui appartiendrait. L'architecte y consentit ; mais l'arche bâtie, il s'avisa, pour tromper le diable, d'y faire passer un *chat*. Satan se mit dans une grande colère; il fit tout ce qu'il peut pour détruire son ouvrage, et en donnant un grand coup de pied, fit pencher un contre-fort qui est toujours resté hors de son aplomb; pourtant il ne put venir à bout de son projet. Faute de mieux, le diable se décidait à emporter son chat, lorsque celui-ci, malin s'il en fut jamais, lui déchira les mains et la figure en l'égratignant d'une manière horrible. Satan, malgré tout son courage, ne put résister à la douleur et laissa échapper le pauvre animal qui tout d'un trait courut se réfugier à une lieue en Sologne. Cet endroit a reçu, à cause de ce mémorable événement, le nom de *Chaffin* (chat fin). — Près de Chaffin, à cent pas, se trouve un tumulus, nommé la butte de *Moque-Barre* et *Moque-Souris* : ce dernier nom vient, dit-on, de ce que dans cet endroit le chat de Beaugency fit une affreuse déconfiture de mulots, de belettes, rats, souris, etc. — Depuis cette époque les habitants de Beaugency ont été nommés chats. La tradition de l'architecte, du diable et du chat se trouve encore à Pont-de-l'Arche, en Normandie, en Bretagne, à St-Sulpice-de-Forière, à propos de l'église, et dans plusieurs autres endroits.

(Leroux de Lincy, *Livre des proverbes français*, 1842, t. Ier, p. 209.)

Une tradition fait hommage à Satan de la construction du pont de pierre de Saint-Cloud. (*Curiosités théologiques.*) C'est la répétition du pont de Beaugency.

Le 26 mars 1782, un riche bourgeois, fort jaloux de sa femme qui est jeune et jolie, eut la bizarre fantaisie d'aller consulter le célèbre comte Cagliostro.

En arrivant chez ce médecin, il lui dit qu'il était malade de jalousie, et qu'ayant entendu vanter sa science universelle, il venait le prier de juger s'il était ou n'était pas cocu. Le comte Cagliostro, voulant s'amuser de cet original, lui répondit que rien n'était plus simple, plus aisé à savoir; qu'il allait lui donner une fiole qui contiendrait une liqueur qu'il devrait boire, lorsqu'il serait de retour auprès de sa femme, et au moment de coucher avec elle. Si vous êtes cocu, lui dit-il, vous serez métamorphosé en chat. Le mari, revenu chez lui, parle beaucoup à sa femme des talents sublimes du comte. Elle veut savoir le motif du voyage, il se fait prier, enfin il cède aux plus vives instances, et lui détaille l'infaillible moyen qu'il a de découvrir si elle est fidèle. On rit de sa crédulité, il avale le fatal breuvage et les voilà tous deux au lit. La femme, en bonne ménagère, se leva le matin la première et laissa reposer son mari qui en avait besoin. A dix heures cependant, voyant qu'il ne se levait pas, elle alla pour le réveiller; mais quel fut son étonnement! Elle vit, au lieu de son époux, un gros chat noir. Elle jette les hauts cris, appelle son mari, embrasse le chat, et dans la première effusion de sa douleur, elle lui parle ainsi : « Faut-il donc que j'aie perdu le meilleur des maris, pour deux fois seulement que je lui ai été infidèle ! Ah, maudit conseiller ! Je ne voulais pas; vous m'avez séduite.... O dangereux lieutenant ! avec votre air de héros, vos récits de combats, vos cajoleries, vos serments et vos pleurs! vous savez combien j'ai résisté... Vous m'avez tourné la tête; vous avez abusé d'un instant de faiblesse pour...

(*Anecdotes secrètes du* XVIIIe *siècle*. Paris, 1808, p. 10.)

SYMBOLE

De l'Adultère chez les anciens peuples germaniques (article sur les *Chats*, de Paul Klotz).

De l'amour : Freya, déesse de l'amour chez les Scandinaves, a son char traîné par deux chats.

De *l'indépendance*, chez les anciens peuples germaniques (article sur les *Chats* de Paul Klotz).

De la justice :

La légende représente saint Yves toujours accompagné d'un chat. Henry Estienne fait observer que cet animal est le symbole des gens de justice.

De la trahison :

Dans le frontispice de l'ouvrage *les Crimes des Papes*, au pied du pape se trouve un chat comme symbole de l'hypocrisie, de la trahison et de la perfidie.

Le chat est au chaton ce que le bœuf est aux veaux, c'est-à-dire son oncle.

Tel que le bœuf, le cheval, et autres animaux, il donne son nom à son espèce; ainsi l'on dit les chats pour désigner les matous et les chattes.

Le *Dictionnaire de la langue verte, argots parisiens comparés*; par Alfred Delvau. Paris, 1866, in-12.

A l'article : *Chat*, geôlier, dans l'argot des voleurs : — *Chat-fourré*, dans l'argot des faubourgs où l'on n'aime pas les gens à robe noire signifie : Juge, greffier. — *Chat*, lapin de gouttière, dans l'argot du peuple qui s'obstine à croire que les chats coûtent moins cher que les lapins et que ceux-ci n'entrent que par exception dans la confection des gibelottes. — Enrouement subit qui empêche les chanteurs de bien chanter, et même leur fait faire des *couacs*.

SYNONYMIE DU MOT CHAT

Noms du chat en diverses langues :

Les Hébreux le nomment *Chatoul*, ou *Katoul*, ou *Schanar*. Ce serait des Hébreux, selon Ménage, que doivent venir les différents noms que les chats ont reçus successivement dans les nations.

Les Grecs lui ont donné le nom de KATIS, *catis* est devenu *cautus* ou *catus* chez les Latins, d'où est venu l'adjectif *cautus*, prudent, qui a été ensuite l'attribut de la famille des Catons.

Les Italiens le nomment *Gatto*.

Les Espagnols, *Gato*.

Les Anglais et Portugais : *Cat*, *Pussi* pour Minet, *Kitten*, pour petit chat.

Les Allemands : *Katz*.

Les Illyriens : *Koozka*.

Les Grecs modernes : *Kattès*.

Les Russes : *Kotta*.

Les Nègres : *Kit*.

Et les Français : masculin *matou* ; féminin *chatte*; neutre *chat*; dans sa jeunesse, *chaton* et *minet*.

Lorédan Larcher, *Excentricités du langage*. « Chat, guichetier (Vidocq). — Allusion au guichet, véritable chatière derrière laquelle les prisonniers voient briller ses yeux. »

CHAT. Nom d'amitié. « Les petits noms les plus fréquemment employés par les femmes sont mon chien ou mon chat » (Ces dames).

CHAT, CHATTE (Extraits du *Dictionnaire national* de Bescherelle, 1864) :

Section du sous-ordre des carnivores, ordre des carnassiers, série des digitigrades. Ces animaux se divisent en trois genres : les guépards, les chats proprement dits et les lynx.

Les *chats proprement dits* renferment un grand nombre d'espèces de bêtes féroces répandues dans les diverses contrées du globe. Ce genre et toutes ses espèces sont connues sous le nom de *race féline*.

Chat domestique est un animal d'un caractère timide ; il devient sauvage par poltronnerie, défiant par faiblesse, rusé par nécessité, et voleur par besoin. Il n'est jamais méchant que lorsqu'il est en colère, et jamais en colère que lorsqu'il croit sa vie menacée...

Quelques mammifères ont reçu le nom de *chat*. Ainsi l'on appelle *chat bizaam, chat civette, chat musqué*, la civette ; *chat de Constantinople*, *chat-genette*, la genette commune ; *chat épineux*, le coëndou ; *chat volant*, le galéopithèque et le ptéromys taguan ; *chat sauvage à bandes noires des Indes*, la genette rayée ; *chat-cervier*, le lynx du Canada ; *chat à crinière*, le guépard. Rabelais a appelé la martre le *chat de mars; chat marin*, espèce de phoque ; *chat de mer*, nom de quelques coquilles.

TESTAMENTS

ANONYMES :

Drexelius, dans son *Avant-coureur de l'éternité*, dit p. 241 : « qu'il s'est vu une femme qui a laissé à son chat cinq cents écus par testament, pour lui tenir toujours bon ordinaire. (*Choix des testaments* par Peignot, t. Ier, p. 374.)

En mars 1828, une Anglaise fit par testament à son chat une rente annuelle de 5 livres sterling (125 fr.) (Id., ib. t. II, p. 228.)

Mlle DUPUY :

Bayle (1), à l'occasion de la reconnaissance qu'on doit aux animaux des services qu'ils nous rendent, rappelle le testament d'une demoiselle Dupuy, témoignage bien sensible des obligations qu'elle croyait avoir à son chat. Cette personne était connue comme très-bonne joueuse de harpe et c'était à son chat qu'elle devait le talent supérieur où elle était parvenue. Il l'écoutait attentivement chaque fois qu'elle s'exerçait sur sa harpe, et elle avait remarqué en lui des degrés d'intérêt et d'attendrissement à mesure qu'elle exécutait avec plus ou moins de précision et d'harmonie.

Elle s'était formé par cette étude un goût qui lui avait acquis une réputation universelle. A sa mort, elle fit un testament en sa faveur ; elle lui légua une ha-

(1) *Dict.* art. *Rosen*, remarque C., p. 2485. Rotterdam 1720.

bitation très agréable à la ville et une à la campagne. Elle y joignit un revenu plus que suffisant pour satisfaire à ses besoins et à ses goûts ; et afin que ce bien-être lui fût fidèlement procuré, elle légua en même temps à plusieurs personnes de mérite de fortes pensions, à condition qu'elles veilleraient sur les revenus de son chat, et qu'elles iraient un certain nombre de fois la semaine lui tenir compagnie. Ce testament fut attaqué, et les plus fameux avocats du temps ont plaidé dans cette cause.

De Neufville, doyen des avocats, à Nuremberg, mort en 1784, à l'âge de 80 ans, a fait un testament en faveur d'une demi-douzaine de ces créatures.

Patris de Breuil, dans son *Parallèle des Testaments* des frères Pithou, Grosley, etc., 1816, p. 17, nous apprend que Grosley avait eu de tout temps une affection particulière pour les chats. Dans sa jeunesse, il s'était fait peindre caressant un petit chat. Il se proposait de dédier l'un de ses derniers ouvrages à *Mimi*, sa chatte favorite, et il avait même composé l'épître dédicatoire que voici : « A qui puis-je mieux dédier ce dernier travail, qu'à la compagne inséparable et à l'unique confidente de mes travaux? Vous l'offrir, c'est sacrifier à la beauté , aux grâces relevées de ce que la souplesse, le caprice , une douce fierté ont de plus piquant. »

Pierre-Jean Grosley, en 1785, fait par son testament une rente annuelle de vingt-quatre livres à la personne chargée du soin de ses deux chats, jusqu'à la mort du dernier vivant.

(Extr. de la *Gazette des Tribunaux*, 24 février 1843.)

TESTAMENT D'UNE ANGLAISE. — RENTE VIAGÈRE LÉGUÉE A DES CHATS.

(*Testament fait par* Mlle *Topping, le* 3 *avril* 1837.)

« Ceci est mon testament :

« Je veux qu'il soit prélevé sur le plus clair de mes biens un capital dont les intérêts puissent s'élever à huit cents francs de rente annuelle, laquelle rente sera payée de trois mois en trois mois à certaines personnes que je dénommerai dans un codicille, ou, à défaut d'avoir fait ceci, qui sera choisie par mes exécuteurs testamentaires (la testatrice a désigné elle-même la personne dans un codicille), à la charge de nourrir et soigner mes trois chats favoris connus sous les noms de *Nina*, *Fanfan* et *Mimi*, ou autres que j'aurais à l'époque de ma mort.

« Cette rente durera aussi longtemps qu'il y aura en vie un seul de ces animaux domestiques. Mes exécuteurs testamentaires pourront; en cas de négligence ou de cruauté, les retirer, ainsi que la pension, et choisir une autre personne pour gardiens. On trouvera ci-joint quelques détails sur les soins que j'exige.

« La personne qui sera chargée de nourrir et soigner mes chats devra se loger au rez-de-chaussée où se trouvera une issue commode sur un jardin bien clos de murs, dont ils auront la jouissance assurée.

« Ces animaux mangent habituellement du mou et du cœur de mouton ou de la viande crue ou cuite; il faut donner du lait suffisamment deux fois par jour et parfois mêlé d'amidon ou de farine de riz ; la viande aussi deux fois par jour, ce qui fait quatre distributions régulières. Ils couchent dans la maison, et il faut les y retenir après leur souper, à neuf ou dix heures du soir, hors le matou qui n'y veut point rester, mais qui rentre de bonne heure le matin, à quoi il faut veiller.

« Au cas de leur mort, ils seront enveloppés d'un linge neuf et propre, mis dans une boîte de chêne et profondément enterrés dans un lieu clos.

« *P. S.* Si je meurs avant d'avoir fait mettre en terre certaine boîte de chêne goudronnée, contenant le corps de deux de mes chats (*Beauty* et *Tom*), on aura soin de les mettre dans un trou très profond, d'où ils ne soient point exposés à être ôtés, et dans un lieu clos.

TRIBUNAUX

TRIBUNAL DE SIMPLE POLICE DE FONTAINEBLEAU.

Présidence de M. RICHARD, juge de paix.

(15 mai 1865.)

Jugement des chats.

La maison de M. E... a été envahie par les chats de la ville qui se livraient sur les toits de la maison, dans le jardin, et même dans l'intérieur des appartements, à des ébats et à des désordres de toute nature.

Après avoir fait d'inutiles efforts pour repousser cette invasion, M. E... crut devoir recourir à des moyens plus énergiques pour se débarrasser de ces hôtes incommodes ; il s'adressa à un garde forestier qui disposa des piéges, et, suivant la prévention, quinze chats devinrent les victimes de M. E...

La ville de Fontainebleau possède certaines dames qui adorent les chats en général et les leurs en particulier, les quinze exécutions dont le jardin de M. E... avait été le théâtre furent signalées par ces sensibles matrones comme des crimes qui réclamaient une punition exemplaire.

L'autorité publique, représentée par le commissaire de police, s'émut ; procès-verbal fut dressé, et les coupables furent traduits devant la justice répressive de M. le juge de paix.

Cette cause, comme on le comprend facilement, devait, à raison de la nature des faits, de la multiplicité des exécutions et des coupables, prendre des proportions considérables ; M. le juge de paix l'a compris, ainsi que l'atteste sa sentence, longuement motivée et dans laquelle la nature et les habitudes des chats, des chiens et des volailles, l'opinion de Cambacérès, les principes du droit, les textes législatifs sont exposés, discutés avec une élévation et une ampleur que la gravité de la cause et des circonstances explique suffisamment.

Voici le texte de cette remarquable sentence qui, nous en sommes certains, sera lue avec intérêt ;

« Le tribunal,

« Ouï les parties dans leurs dires, moyens et conclusions :

« Vu l'article 479 du code pénal et l'art. 1385 du code Napoléon ;

« Sur l'existence des contraventions :

« Attendu que la science et la jurisprudence reconnaissent plusieurs espèces de chats, notamment le chat sauvage, animal nuisible, pour la destruction duquel seulement une prime est accordée, et le chat domestique, hôte de la maison comme le chien, et au même titre, à peu près, aux yeux du législateur ;

« Attendu que le chat domestique n'est point *res nullius*, mais la propriété d'un maître, qui a, dès lors, le devoir de surveiller, autant que faire se peut, et le droit de protéger à la fois l'animal qui lui appartient;

« Attendu que le chat, par sa nature et par ses instincts, échappe à une surveillance de tous les moments, qu'il est impossible, sous ce rapport de l'assimiler aux autres animaux domestiques, dociles au frein et au joug, ou faciles à priver de la liberté d'aller ou de venir;

« Attendu que le chat, malgré le peu de sympathie qu'il inspire à raison de son caractère et à raison des inconvénients auxquels sa présence nous expose, n'en est pas moins d'une utilité incontestable, destiné qu'il est à purger non-seulement les habitations, mais encore les terrains y attenants, d'animaux rongeurs, incommodes et dangereux; que les services rendus ne s'arrêtent pas à la seule demeure de son maître et qu'il est donc très-équitable d'avoir de l'indulgence pour un animal toléré par la loi et utile à tous, soit directement, soit indirectement;

« Attendu que le chat, même domestique, est en quelque sorte d'une nature mixte, c'est-à-dire un animal toujours un peu sauvage et devant demeurer tel à raison de sa destination même, si on veut qu'il puisse rendre les services qu'on en attend;

« Que, pour ce motif, la plus grande latitude doit être laissée au juge dans l'appréciation de prétendues fautes qui, le plus souvent, ne sont imputables qu'à l'imprudence ou à la négligence même de ceux qui se plaignent, l'homme ayant pour se protéger, sinon contre tout dégât, au moins contre les larcins du chat, sa raison et son expérience;

« Attendu que la maison du sieur E... est fermée par une porte cochère en fer dont les barreaux ont 9 centimètres d'écartement avec un soubassement de 55 centimètres seulement;

« Que cette porte offre ainsi un passage facile et le seul peut-être durant la nuit, dans le quartier, à tout chat poursuivi dans la rue, et que ne point réprimer les meurtres et mutilations de chats, dans les circonstances où ils se sont produits, pourrait entraîner des conséquences fâcheuses sous plus d'un rapport ;

« Attendu que la loi ne veut point que l'on se fasse justice à soi-même ;

« Que l'art. 1583 du code Napoléon accorde une action en dommages-intérêts à celui qui est lésé, pour qu'il poursuive devant les tribunaux la réparation du préjudice qu'il a subi ;

« Que si la loi de 1791, titre XI, art. 12 *in fine* permet, en effet, de tuer les volailles, l'assimilation que l'on essaye d'établir des chats avec les volailles n'est rien moins qu'exacte, puisque les volailles sont destinées à être tuées tôt ou tard et qu'elles peuvent être tenues, en quelque sorte, sous la main, *sub custodiâ,* dans un endroit restreint et complétement fermé, tandis que l'on ne saurait en dire autant du chat ni le mettre ainsi sous le verrou, si on veut qu'il obéisse à la loi de sa nature ;

« Que d'ailleurs la loi du 28 septembre 1791 exige un concours de conditions qui font défaut dans l'espèce, notamment le flagrant délit, et qu'en définitive tout étant de droit strict en matière pénale, il est impossible de raisonner par analogie et d'appliquer à la police urbaine, par suite d'une interprétation bienveillante d'un côté, mais dangereuse de l'autre, les dispositions d'une loi intitulée : Code rural de 1791 ;

« Attendu que si la défense soutient que le meurtre des chats a eu lieu par suite d'une nécessité impérieuse, c'est là une allégation dont la preuve est encore à faire, car ni larcin, ni dégât, ni flagrant délit, ni rien de ce qui constituerait un cas de légitime défense ou de force majeure, à l'égard d'un chat déterminé, n'a été aucunement établi ;

« Attendu que les arguments tirés du gros bon sens, de l'équité ou de la nécessité, ne doivent jamais faire perdre de vue au juge que, dans tout litige, quelque minime qu'il soit, son unique mission est de dire la loi et de l'appliquer, surtout en présence du texte clair et formel de l'art. 479 du code pénal ;

« Attendu que les arguments tirés des observations du consul Cambacérès au conseil d'État, malgré la grande autorité qui s'attache toujours à un nom célèbre, n'est jamais que l'expression d'une opinion individuelle, très-respectable sans aucun doute, mais sans force de loi ;

« Que d'ailleurs le prétendu droit de tuer, dans certains cas, le chien, animal dangereux et prompt à l'attaque, sans être enragé, ne saurait donner, par voie de conséquence, le droit de tuer le chat, animal prompt à fuir, et qui n'est point assurément de nature à beaucoup effrayer ;

« Attendu que la preuve de tout prétendu dommage incombe à celui qui se plaint, et qu'en dépit de la difficulté de la preuve en pareille matière, afin d'obtenir la réparation du préjudice causé, rien, dans la loi cependant, n'autorisait les inculpés à tendre des piéges, surtout après coup, de manière à allécher par un appât, de l'aveu même des inculpés, tout aussi bien les chats innocents de tout un quartier que les chats coupables.

« Attendu enfin que nul ne doit faire à la chose d'autrui ce qu'il ne voudrait pas que l'on fît à sa propre chose ; que tous les biens, d'après l'art. 516 du code Napoléon, étant ou meubles ou immeubles, il en résulte que le chat, conformément à l'art. 528 du même code est, sans contredit, un meuble protégé par la loi comme les autres, et qu'en conséquence les faits incriminés tombent directement sous l'application de l'article 479, § 1er, du code pénal, qui punit d'une amende ceux qui ont volontairement causé du dommage à la propriété mobilière d'autrui ;

« En ce qui touche le garde forestier G... :

« Attendu que G... a reconnu avoir participé à la destruction des chats, en exécution, a-t-il dit, d'un ordre de M. l'inspecteur des forêts; mais attendu que la preuve de cette assertion n'a point été faite ; que d'ailleurs, en eût-il fourni la preuve, un subordonné n'est point tenu d'obéir aveuglément à un ordre donné en dehors de tout pouvoir, surtout quand cet ordre n'a et ne peut avoir évidemment d'autre force qu'un conseil ;

« Attendu, en définitive, qu'en matière de contravention la loi ne reconnaît point de complicité, et que dès lors l'inculpé G... doit seul répondre de ses faits et gestes ;

« Attendu que G... a déclaré en outre, à la première audience, qu'il avait tendu des piéges dans le jardin du sieur E... dans le but de prendre des chats dont il a dit avoir coupé les pattes et le museau, afin d'obtenir le payement de la prime, vu l'impossibilité où l'on était de pouvoir distinguer si ces parties de l'animal ainsi mutilé provenaient d'un chat domestique ou d'un chat sauvage ;

« En ce qui concerne l'inculpée, femme B..., domestique :

« Attendu que si l'obéissance est le premier devoir

des subordonnés, il n'en est pas moins vrai que le serviteur, quel qu'il soit, n'est point un être complétement passif, devant subir fatalement toute impulsion qu'il plaira au maître de lui donner *per fas et nefas* ;

« Attendu qu'il est impossible d'arguer qu'en tuant à coups de marteau les chats pris aux piéges, l'inculpée B... a obéi à une force majeure à laquelle elle n'a pu résister ;

« Que la culpabilité se trouve encore aggravée par la pluralité des exécutions de ce genre ;

« Pour ce qui regarde l'inculpée, femme E... :

« Attendu qu'il résulte des circonstances de la cause qu'elle n'a point agi *ab irato*, mais qu'elle a pris au contraire une part directe à la destruction des chats avec une rigueur qui n'a point été l'effet d'un seul instant ;

« En ce qui touche l'inculpé E... :

« Attendu qu'il a reconnu à la première audience que, sa maison étant gravement incommodée par les chats, on avait le droit d'agir comme on l'avait fait ;

« Attendu qu'aujourd'hui il avoue même avoir pris une part directe à la destruction des chats au nombre de six, tandis que le garde forestier G... ne reconnaît que trois contraventions à sa charge, pendant que la domestique B... déclare avoir tué sept chats, et que le ministère public relève quinze contraventions du même genre ;

« Attendu que les contraventions imputables à G... sont de six, d'après la déclaration même du sieur E..., et que sept contraventions, quant aux trois autres inculpés, restent seules parfaitement établies par la déclaration même de l'inculpée B... ;

« En ce qui touche B..., mari de l'inculpée :

« Attendu que si, aux termes de l'art. 7, titre II de la loi du 6 octobre 1791, le mari est civilement responsable des délits commis par sa femme, cette disposition est spéciale à la police rurale, et ne peut, en conséquence, s'appliquer par extension à la police urbaine ;

« Attendu, en outre, que si, en thèse générale, le mari n'est pas civilement responsable des délits et quasi-délits de sa femme, n'étant point présumé lui avoir donné mandat de délinquer, la même règle devra certainement s'appliquer aux contraventions commises par la femme, en dehors de tout intérêt pécuniaire appréciable pour le mari, et d'ailleurs sans sa faute et à son insu ;

« En ce qui touche le cumul des peines :

« Attendu que le système du cumul des peines, en matière de contraventions, est admis par la jurisprudence; que ce système est rationnel et équitable; qu'il est d'ailleurs inscrit dans la loi du 22 mars 1841, article 12, et dans celle du 17 mars 1850, art. 8 ;

« Mais attendu, après tout, que le ministère public a été le premier à insister sur l'admission de circonstances atténuantes de la part du juge, conformément aux dispositions des art. 483 *in fine* et 463 du code pénal ;

« Attendu enfin que toute partie qui succombe doit être condamnée aux frais de l'instance ;

« Par ces motifs,

« Jugeant contradictoirement et en dernier ressort :

« Renvoie B..., mari de l'inculpée B..., de la poursuite dirigée contre lui, comme civilement responsable, et relaxe les quatre inculpés en cause de huit contraventions sur quinze; mais les retient pour sept où ils ont été tous coauteurs, à l'exception d'une seule contravention à la décharge de l'inculpé G..., qui n'y a point pris part;

« Et condamne non solidairement, mais par corps (art. 56 et 467 du code pénal), lesdits inculpés, savoir :

« 1° Le garde forestier G...., à 1 fr. d'amende pour chaque contravention, qui sont au nombre de six;

« 2° La domestique B..., à 1 fr. d'amende pour chaque contravention, au nombre de sept;

« 3° Les inculpés mari et femme E..., à 1 fr. d'amende chacun pour chaque contravention, au nombre de sept;

« Et 4° enfin tous les inculpés, solidairement, à tous les frais de l'instance. » (*Droit.*)

Affaire des chats. — Appel d'un jugement de simple police. — Infirmation (25 août 1865).

Nos lecteurs n'ont pas oublié la sentence en date du 15 mai dernier, par laquelle M. le juge de paix de Fontainebleau a condamné quatre personnes de cette ville à l'amende, pour le meurtre de sept chats.

Appel a été interjeté de ce jugement par les condamnés.

Me Georges Lechevalier, du barreau de Paris, leur avocat, après avoir rendu hommage à l'érudition de M. le juge de paix, qui, à propos d'une question en apparence peu importante, a trouvé moyen de rappeler tous les grands principes du droit et de l'ordre social, raconte les faits à l'occasion desquels le procès a eu lieu.

M. et Mme Escalonne virent, au commencement de

cette année, leur jardin devenir le lieu de rendez-vous de tous les chats du voisinage. Un jour, c'était un cuissot de chevreuil que l'un d'eux emportait; le lendemain, un arbre de luxe était brisé ; toutes les nuits, enfin, c'était un vacarme infernal, et M. Escalonne pouvait dire, comme Boileau :

Et quel fâcheux démon, durant les nuits entières,
Rassemble ici les chats de toutes les gouttières?

Que faire ? On prévint les voisins à qui l'on attribuait la propriété des animaux dévastateurs, en les priant d'avoir à retenir un peu chez eux ces rôdeurs de nuit; mais les visites des infatigables coureurs continuèrent de plus belle.

Il fallait aviser : on plaça quelques piéges; six ou sept chats y furent pris ou tués. Aussitôt émoi public; haro général des voisines de M. Escalonne contre ce meurtrier des compagnons de leur vieillesse solitaire,

Et le nombre des *chats*, de par la renommée,
De bouche en bouche allant croissant,
Avant la fin de la journée,
Il se montait à plus d'un cent.

C'est dans ces circonstances que sont intervenues la poursuite du commissaire de police et la sentence de M. le juge de paix.

L'avocat donne lecture de ce jugement et constate que jamais, sans même excepter l'Histoire des chats par le sieur de Moncrif, de l'Académie française, jamais la situation juridique et l'importance sociale de ces intéressants animaux n'ont été aussi compendieusement exposées.

Entrant dans la discussion, l'avocat dit que si M. le

juge de paix n'avait pas si dédaigneusement repoussé dans son jugement « les arguments tirés du gros bon sens, » il se serait borné, pour toute plaidoirie, à rappeler ce que, dans un procès analogue, Racine fait dire à son Petit-Jean des *Plaideurs :*

Pour moi je ne sais pas faire tant de façon
Pour dire qu'un mâtin vient de prendre un chapon.
Tant y a qu'il n'est rien que votre chien ne prenne ;
Qu'il a mangé là-bas un gros chapon du Maine ;
Et la première fois que je l'y trouverai,
Son procès est tout fait et je l'assommerai !

Mais de par M. le juge de paix, le bon sens étant sans valeur pour la solution de la question, il faut l'examiner de plus près.

Escalonne avait évidemment le droit de défendre sa propriété contre ses dévastateurs. Quel moyen pouvait-il prendre? Autrefois, il aurait fait un procès aux animaux eux-mêmes et aurait pu, au besoin, recourir contre eux aux armes spirituelles, comme firent, en 1522, à ce que nous apprend le président de Thou, les habitants de l'évêché d'Autun, qui sollicitèrent et obtinrent contre tous les rats du diocèse une sentence d'excommunication ; mais ce moyen n'est plus possible, et l'histoire ne nous dit pas s'il était efficace.

Que faire ? Un procès aux propriétaires des chats, comme M. le juge de paix l'indique? Mais ces propriétaires, il aurait fallu les connaître, et pour cela, tout d'abord constater l'identité des chats ; or si l'on en croit le proverbe suivant lequel, la nuit, ils sont tous gris, c'était chose difficile ; il ne restait donc que le moyen qui a été employé.

Mais le chat, « ce domestique infidèle, » comme l'appelle Buffon, est-il d'ailleurs bien digne de tout l'intérêt que lui témoigne M. le juge de paix? A en croire Toussenel, il paraît que les chats n'accomplissent pas très-scrupuleusement leur mission sociale; car le spirituel écrivain nous apprend qu'il a assisté au spectacle « d'un groupe de chats et de rats devisant de bonne amitié ensemble, fraternisant aux dépens de l'homme et se partageant sans vergogne les entrailles des pigeonneaux et des lapins de choux. » Et M. Toussenel ajoute que, pour sa part, « il ne rencontre jamais un chat en maraude, au bois ou dans la plaine, sans lui faire l'honneur de son coup de feu. » Eh bien! cette destruction des chats, à laquelle M. Toussenel se fait gloire de contribuer le plus qu'il peut, M. Escalonne ne s'y est livré que contraint par la nécessité; il ne peut pas être condamné.

M. le procureur impérial Delapalme s'en est rapporté à la sagesse du tribunal, lequel a statué en ces termes :

« Le tribunal,

« Attendu qu'il est constant en fait que Escalonne a chargé Grossac de placer des piéges dans son jardin.

« Que, d'autre part, il est certain que plusieurs chats ont été pris à ces piéges et tués :

« Mais, attendu que le témoin Berger, jardinier, qui entretient le jardin d'Escalonne, a déclaré devant le premier juge, ainsi qu'il résulte des notes d'audience, qu'il avait constaté des dégâts sur les plantes et les fleurs de ce jardin, dégâts causés par les chats, et qu'il a enfin ajouté que des arbres de luxe ont été abîmés dans ledit jardin par ces animaux ;

« Que dès lors Escalonne se trouvait dans la nécessité de prendre des mesures pour défendre sa propriété ;

« Attendu, d'ailleurs, que l'art. 479 du Code pénal punit seulement ceux qui ont volontairement causé du dommage aux propriétés *mobilières* d'autrui, et qu'en conséquence, rien n'établissant à qui appartenaient les animaux détruits, et même s'ils *appartenaient à quelqu'un*, cet article ne saurait être applicable ;

« Dit qu'il a été mal jugé, bien appelé, et mettant à néant ce dont est appel,

« Infirme ;

« Décharge les appelants de toutes les condamnations prononcées contre eux. » (*Droit.*)

Un propriétaire campagnard attaqua un jour son voisin en justice, parce qu'il avait tué son chat. Le voisin l'avait trouvé dans un champ, et prétendait que c'était du gibier; l'autre soutenait que c'était un chat. « Qu'est-ce qu'on appelle gibier? disait le premier ; ce qui a poil ou plume. Cet animal n'avait-il pas du poil? Donc c'est du gibier. — On ne mange pas les chats, répondit le second. — Au contraire, s'écriait l'autre ; la preuve en est que je l'ai mangé. » Le tribunal décida que le chat ayant été tué dans un champ et ensuite mangé, était du gibier.

(*Satires et contes*, de Boucher de Perthes, Paris, 1835, p. 24.)

Extrait de la *Gazette des Tribunaux*, 8 janvier 1862 :

« Mme Delaloge, concierge, ayant porté une plainte contre un nommé Brancheri, son locataire, qui lui avait tué son chat, celui-ci est appelé devant la barre du tribunal pour répondre du meurtre de cet animal, un amour de chat d'Angora qu'elle affectionnait tendrement. Le prévenu soutient qu'il l'a tué sans intention.

Le président. — Comment! sans intention?

La portière. — Le monstre!... sans intention!

Le président. — Ah! madame, tâchez de vous taire et de laisser le prévenu s'expliquer.

La portière. — Je la connais son explication, c'est un faux.

Le président. — Eh bien, le tribunal ne la connaît pas. (Au prévenu.) Donnez vos explications.

Le prévenu. — Monsieur le président, cette vieille femme est méchante comme la gale; j'ai voulu lui faire une simple farce. Le chat de madame étant entré chez moi. .

La portière. — Oh!

Le président. — Mais taisez-vous donc, madame.

La portière. — Monsieur, mon chat méprisait trop *l'accusé* pour aller chez lui.

Le président. — Je vais vous faire sortir.

Le prévenu. — Il était venu chez moi; alors je l'ai attaché par les quatre pattes et je l'ai descendu ainsi par ma fenêtre qui donne juste devant la loge; le chat, naturellement, se met à miauler...

La portière. — Mais, monstre de nature! c'était par la queue que vous l'aviez attaché.

Le prévenu. — Par les pattes; si bien que madame, l'apercevant, sort en jetant des cris et va pour rattraper son chat; moi alors je tire la corde; elle ne peut pas l'atteindre et se met à m'invectiver et à vociférer; je redescends la corde, elle s'élance pour prendre le chat, je retire encore...

Le président. — Voyons, abrégez ces détails.

Le prévenu. — Eh bien, monsieur, finalement, que la corde a cassé, et que le chat est tombé sur le dos et s'est tué.

La portière. — Morte à mes pieds, la pauvre petite

bête, en me faisant un œil!... Ah! messieurs, quel œil! je l'ai encore devant les yeux.

Ne prolongeons pas ces débats, ou plutôt cette discussion, qui n'a même pu interrompre la délibération du tribunal, et disons tout de suite que le résultat de cette délibération, après la défense présentée par Me Rogelot, avocat, a été la condamnation de M. Brancheri à 50 fr. d'amende. (*Gaz. des Trib.*)

Les nommés Gérard, Lecourt, Belot, Lechef et Molin, ouvriers mécaniciens, viennent s'asseoir sur le banc de la 7e chambre, où les amène une prévention de vol.

Le plaignant au président : Eh bien, monsieur, ces cinq malfaiteurs m'ont volé mon chat!...

Le président. Les avez-vous vus ?

Le plaignant. Non, malheureusement!... Si je les avais vus, eux ou moi ne seraient pas ici... J'aurais eu leur vie ou ils auraient eu la mienne... J'ai été vingt ans militaire, messieurs, depuis 1810 jusqu'à 1830, et jamais je n'aurais mis les armes à la main pour une cause qui m'intéressât plus... Un chat que j'avais rapporté de cent lieues!

Le président : Pour quel motif vous ont-ils volé votre chat?

Le plaignant. Pour le manger, parbleu!... les anthropophages!... Quand ils ont vu combien j'étais inquiet de mon chat, ils m'ont dit qu'ils me le feraient retrouver, et ils m'ont promené une demi-journée hors barrière où j'enfonçais dans la boue jusqu'à la cheville!... Mais tout cela n'est rien, c'est ma femme qu'il faut voir!... Vous ne la reconnaîtriez pas, vous qui ne l'avez jamais vue... Croiriez-vous qu'elle a été jusqu'à offrir 20 francs au sieur Lecourt, s'il lui faisait retrouver son chat? Mais il était mangé... Est-ce ainsi qu'il devait mourir... de la mort ignominieuse d'un lapin ?

Le tribunal, en l'absence de toutes preuves contre les prévenus, les a renvoyés de la plainte.

Le plaignant : C'est bien!... il n'y a plus qu'à s'entr'égorger comme des sauvages.

(Extrait de la *Gazette des Tribunaux*, 12 décembre 1839.)

CHAT A QUI L'ON FAIT OBSERVER LE VENDREDI.

Vendredi dernier, N..., rue de Sèvres, âgé de 64 ans, était à genoux sur son prie-Dieu lorsque sa blanchisseuse entra pour lui rendre le linge ; la domestique de N... entra en même temps, tenant à la main un morceau de viande cuite qu'elle destinait au matou de son maître. N... s'en aperçut et s'écria avec colère : « Comment se fait-il que vous donniez à mon chat de la viande un vendredi? Prenez garde de commettre dorénavant une faute aussi grave, ou je vous chasse de ma maison. » La bonne voulut répondre : mais N... commit quelques voies de fait envers sa servante, qui s'en alla sur-le-champ porter plainte au commissaire de police.

(*Gazette des Tribunaux*, 20 janvier 1834.)

Extrait de la *Gazette des Tribunaux* du 1er novembre 1833 :

Depuis le procès du grand tueur de chats, dont nous avons, il y a quelque temps, narré la mésaventure, les gouttières de la bonne ville ne retentissaient plus de miaulements plaintifs de la veuve et de l'orphelin ; la nation des chats commençait à jouir de quelque tranquillité sous le régime qui protége toutes les propriétés, tous les êtres en général et les chats en particulier, lorsque des cris de détresse se firent entendre de nouveau rue de la Huchette et lieux circonvoisins. La police se mit en campagne, toutes les maisons furent surveillées, et la dame Onésime Lepage fut bientôt arrêtée en flagrant délit.

« Elle sortait de grand matin, un panier sous le bras. Sa marche parut suspecte au sergent de ville placé en surveillance. Il s'approcha et aperçut des traces de sang sous le panier. Il devina le crime et saisit la coupable. Son panier recélait les cadavres encore palpitants de trois chats récemment immolés. »

CHATS ÉTRANGLÉS PAR UN CHIEN DE VIDANGEUR.

Trois robustes vidangeurs comparaissent devant le tribunal de police correctionnelle.

L'agent de police. Faisant ma ronde habituelle, entre deux et trois heures du matin, j'entendis un chat qui poussait des cris désespérés. Je me dis : C'est un amoureux, peut-être, mais n'importe! Je vas voir, et je trouve un malheureux chat qu'un gros chien venait d'étrangler. Le chien appartenait évidemment à monsieur (il désigne le prévenu).

Le prévenu. C'est vrai. C'était un nouveau chien que j'avais pour ma sûreté, ignorant son acabit féroce; je l'ai bien puni, allez, car je l'ai pendu.

Le président : Mais vous ne deviez pas attendre qu'il eût étranglé sept chats, que vous avez suspendus à votre voiture comme un trophée. Vous vouliez donc exterminer tous les chats du quartier?

Le prévenu. Ça n'a jamais été mon intention; j'ai,

Dieu merci! un assez beau morceau de pain à manger dans mon petit ouvrage.

(Extrait de la *Gazette des Tribunaux*, 18 août 1834.)

—

Le président. — Vos nom et prénoms?

La veuve Bahu, pleurant. — Mon bon monsieur, j'avais perdu mon chat.

Le président. — Il ne s'agit pas de votre chat.

La veuve Bahu. — Et je ne l'ai pas retrouvé... Pauvre Finet... pourvu qu'il soit tombé en de bonnes mains!

Le président. — Dites donc comment vous vous nommez?

La veuve Bahu. — Sébastienne Colifart, femme de Nicolas Bahu de son vivant allumeur de lampions de la ville de Paris... mort aujourd'hui depuis dix-sept ans. Mon pauvre Finet!

Le président. — Vous avez porté plainte contre la femme Gornaud?

La veuve Bahu. — Oh! la vipère! C'est ma voisine depuis dix ans, monsieur le juge.

Le président. — Expliquez votre plainte.

La veuve Bahu. — Un superbe *angola*, pétri d'intelligence, qui me comprenait comme une personne naturelle, et qui m'aurait répondu s'il avait eu la parole... Pauvre Finet! il ne lui manquait que cela

Le président. — Mais vous n'accusez pas la femme Gornaud d'avoir pris votre chat?

La veuve Bahu. — Oh! non, monsieur, car elle ne pouvait pas le souffrir... Pauvre Finet!... Elle l'aurait plutôt tué... Vierge du bon Dieu, si je savais ça, je l'attaquerais en assassin!

Le président. — Dites-nous donc de quoi vous vous plaignez ?

La veuve Bahu. — J'avais plus ma tête, mon bon monsieur. Je courais dans tous les escaliers en appelant Finet... Pauvre Finet ! C'était lui qui me consolait de la perte de mon défunt ; depuis douze ans il ne m'avait pas quittée. Je me trouve dans l'escalier face à face de Mme Gornaud qui venait de chercher son lait... « Dites donc, voisine, que je lui dis, n'*aureriez*-vous pas vu Finet ? » J'avais tort de m'adresser à elle, c'te vipère, puisque je savais qu'elle ne pouvait pas souffrir Finet, qu'elle disait que la pauvre bête regardait toujours ses serins de travers... Il s'en moquait pas mal de ses serins, pauvre Finet !

Le président. — Arrivez donc à l'objet de votre plainte.

La veuve Bahu. — Elle aurait pu me répondre non, n'est-ce pas ? Au lieu de ça, elle me rit au nez et se met à me chanter :

C'est la mèr'Michel
Qu'a perdu son chat !...

Une horreur de chanson, mon juge.

Le président. — Continuez donc.

La veuve Bahu. — Alors moi je lui dis qu'il faut qu'elle n'ait ni foie ni *gigier*... Sur ce mot, elle m'appelle vieille marmite, vieux chaudron, vieux pot sans anse. Je veux lui répliquer, mais elle me ferme la bouche d'un coup de poing, que le sang en a sorti, et j'en ai perdu une dent... c'était l'avant-dernière, mon bon juge... c'est pas étonnant, à soixante-douze ans.

La prévenue. — C'est une fausse !

La veuve Bahu. — Une fausse !.... (Ici la veuve

Bahu tire de sa poche un petit papier tout crasseux, et elle en tire un vieux chicot qu'elle montre triomphalement au tribunal et à l'auditoire.) Voyez plutôt si c'est une fausse... Une belle et bonne dent... Une canine, encore !

La prévenue. — Oh! fameux !... C'est vous que je dis qu'est une fausse... une imposteuse.

Le président. — Il n'est pas présumable que cette bonne femme vienne se plaindre sans raison.

La prévenue. — Est-ce que je sais, moi. Depuis qu'elle a perdu son chat, elle ne sait plus ce qu'elle fait... Toutes les nuits, elle sort dix fois sur le carré et réveille tous les voisins, en appelant : Finet ! Finet!... Même que le propriétaire lui a donné congé.

La veuve Bahu. — C'est moi que je l'ai donné... Je ne veux pas rester dans une maison où j'ai perdu Finet ; j'y mourrais bien sûr... j'veux aller finir mes jours à Gonesse, qu'est mon lieu natal.

Le président, à la veuve Bahu. — Avez-vous des témoins ?

La plaignante. — J'ai ma dent... j'crois que ça suffit.

La femme Gornaud est condamnée à 16 fr. d'amende et aux dépens pour tous dommages-intérêts.

La veuve Bahu, sous le poids de son idée fixe, sort de la salle en appelant Finet ! (*Le Soleil*, 25 oct. 1865.)

LE CHAT ET LE CORBEAU.

Deux amies intimes, Mlles Adèle M... et Eulalie P.., eurent l'idée de faire chacune l'éducation d'un animal. Adèle choisit un chat, Eulalie adopta un corbeau ; les études commencèrent de part et d'autre, et grâce au zèle constant des institutrices, bientôt le chat fit mille tours d'adresse; bientôt son condisciple s'exprima avec une éloquence digne du dix-neuvième siècle.

Adèle et Eulalie conçurent le projet de recevoir à la campagne quelques personnes de leur connaissance, et de couronner le repas par une représentation dans laquelle le chat et le corbeau feraient briller leurs talents.

On se réunit en effet ; on dîne, et au dessert les deux artistes sont introduits. On interroge d'abord le noir orateur ; mais celui-ci, timide ou capricieux, garde un silence obstiné. Mademoiselle Adèle, par forme de plaisanterie sans doute, ordonne au chat d'étrangler son rival; l'animal, par trop docile, obéit à l'instant. *M. du Corbeau*, blessé à mort, ne survit que peu d'instants aux coups de griffe de *Raton*, et ce dernier, pour éviter une prompte justice, gagne prudemment les toits.

Eulalie retourna en toute hâte à Paris, et fit lancer une assignation, aux termes de laquelle elle demandait que mademoiselle Adèle lui payât une somme de cent francs.

Le tribunal réduisit la somme à soixante-dix francs, et les deux anciennes amies se réconcilièrent.

(Extrait de la *Gazette des Tribunaux*, 5 mai 1826.)

—

Le 31 décembre, pour ses étrennes, Guille cassa une tasse à café sur la figure de sa femme, dans les circonstances suivantes :

Après dîner, dit-elle, je dis à mon mari : Veux-tu prendre du café ? — Je veux bien, qu'il me répond. Alors je me mets à en faire. Pendant qu'il se faisait, je vas dans la chambre à coucher pour chercher du fil;

21.

alors le chat se met à me suivre; mon mari, voyant ça, prend un bâton pour taper sur le chat ; je lui dis : Je ne veux pas que tu la frappes, cette bête. — Si, qu'il me dit. Alors je veux l'empêcher. Ote-toi, qu'il me dit, ou c'est toi qui vas payer pour le chat. Finalement que nous nous chamaillons, et qu'il me frappe une tasse à café sur l'œil, que j'ai cru qu'il me l'avait crevé.

Le président. — Eh bien, Guille ?

Guille. — Mon président, mon épouse dit un faux; vous ne savez pas sa fausseté.

Le président. — Vous n'avez jamais battu votre femme ?

Guille. — Non, mon président, c'est le chat... (Rires dans l'auditoire), c'est le chat qui voulait aller dans la chambre, dont nous avons une tourterelle; alors, comme il fait toujours du mal à la tourterelle...

Le président. — Tout cela est inutile ; vous niez avoir porté des coups à votre femme ?

Guille. — Sur Dieu et mon sang !

Le tribunal n'en a pas cru un mot, et a condamné Guille à quinze jours de prison.

(Extrait de la *Gazette des Tribunaux*, 8 janv. 1862.)

UN CHAT VOLÉ. — *Tribunal correctionnel de Rouen.*

... Un des témoins entendus dans l'enquête n'était autre que le maître de la mère de Rominagrobis, qu'il avait bien et dûment reconnu, à son air de famille, comme le fruit des entrailles de sa chatte. Du reste, il n'y avait guère à s'y tromper, avait dit ce témoin ; car, au physique comme au moral, Rominagrobis rappelait sa mère tache pour tache, qualité pour qualité.

Disons, du reste, qu'il était loisible au tribunal de s'assurer de la véracité du témoin, car la mère et la fille avaient été apportées à Rouen, et étaient, à l'heure même de l'audience, déposées dans une auberge confortable de la ville.

Le tribunal, par application des articles 401 et 463 du code pénal, a condamné le sieur Doudemont à trois jours de prison et à 50 francs de dommages et intérêts.

(Extrait de la *Gazette des Tribunaux*, 23 mai 1843.)

— On lit dans la *Gazette des Tribunaux* :

Madame Bouquet, portière à la Villette, avait un chat qui faisait ses délices et celles de son fils, charmant enfant, à son dire, la perle de l'école des Frères, déjà enfant de chœur, l'espoir des chantres futurs de la paroisse. Le chat aimé avait une robe magnifique, bien tranchée de raies alternantes, jaunes et blanches.

A quelques portes plus loin vivait tristement une autre portière, madame Patin, qui avait bien aussi un charmant enfant, aussi de l'école des Frères, aussi enfant de chœur, aussi l'espoir des chantres futurs de la paroisse, mais qui n'avait pas de chat. — « Ça n'est pas juste, n'est-ce pas? disait Edouard à sa mère ; les Bouquet ont un chat, et nous n'en avons pas. — Certainement que ce n'est pas juste, répondait madame Patin ; aussi ça la rend orgueilleuse, la Bouquet, de ce que son fils a eu un prix de plus que toi aux Frères, et qu'elle a un chat. — Eh bien, mère, si nous le leur prenions, leur chat? — Impossible, mon garçon, le chat est habitué à eux, il y retournera toujours. — Et s'ils le mettaient à la porte, s'ils n'en voulaient plus, voudrais-tu que nous le gardions ? — Est-ce qu'ils mettront jamais leur chat à la porte ? Ils l'aiment bien trop pour ça, ils en sont trop fiers. — Laisse-moi faire, réplique Edouard, j'ai mon idée ; demain le chat sera chez nous. »

Le lendemain matin, grande était la désolation chez les Bouquet : le chat avait disparu ; on l'avait cherché partout sans le retrouver ; on le cherchait encore, quand, vers le soir, un chat se présente à la porte de la loge, miaulant un refrain bien connu. La mère et le fils se précipitent, la porte est ouverte : mais tous deux reculent désappointés : ce n'est pas le beau Bibi, le joli chat aux raies jaunes et blanches ; celui-ci est rayé noir et gris ; en conséquence, il est traité comme un étranger, poussé non-seulement hors de la loge, mais hors de la maison, dont on lui referme la porte sur le nez ; car le pauvre chat, peu accoutumé à cette réception, retournait fréquemment la tête vers ses maîtres, qui le méconnaissaient. Mais ce chat était donc le vrai Bibi des Bouquet ? Sans nul doute, de par l'artifice et le talent du jeune Edouard Patin, qui, à l'aide de sa boîte de couleurs, avait métamorphosé la robe de Bibi, des raies jaunes avait fait des raies noires, et des blanches des grises. Le moyen, après cela, de reconnaître un chat ! Il n'en est pas des chats comme des biches, toujours reconnaissables, quelles que soient leurs robes.

Cependant Bibi, dont le changement de robe n'avait pas changé le cœur, faisait de quotidiennes tentatives pour rentrer dans la loge Bouquet, mais toujours il était repoussé comme un intrus. Cependant son lustre d'emprunt allait tous les jours s'affaiblissant, le noir tournait au jaune, le gris tournait au blanc. Un matin qu'il avait trouvée ouverte la loge Bouquet, il y était entré en tapinois, et y avait repris ses anciennes habitudes : il avait été saluer la cage du serin, avait visité le coin où d'ordinaire était sa pâtée, l'autre coin où si longtemps avaient reposé ses cendres, et s'était allé blottir sur un certain tabouret, siége des longs sommeils et des plus gais rons-rons de son enfance ; Auguste Bouquet, d'un cabinet voisin, avait vu ce manége, et ne conservant plus de doute, il appelle sa mère : « Mère, mère ! viens vite, lui crie-t-il, c'est Bibi, je le reconnais maintenant ; vois, il est presque revenu à ses premières couleurs ; donne-moi de l'eau, du savon, tu vas voir. »

L'épreuve ne pouvait manquer de réussir, et quelques minutes après le savon avait rendu Bibi à ses couleurs primitives et à l'amour de ses maîtres.

L'histoire de Bibi avait fait du bruit dans le quartier, et comme tout se révèle dans ce monde, on savait et on nommait l'auteur de la métamorphose passagère de Bibi. De là des querelles incessantes entre Edouard et Auguste, entre Mme Bouquet et Mme Patin, querelles qui un jour ont dégénéré en une rixe dont la police correctionnelle est appelée aujourd'hui à connaître.

La rixe avait commencé entre Edouard et Auguste. Ce dernier avait appelé le premier : Voleur de chats ! celui-ci avait répondu par un coup de poing ; la lutte engagée, les deux mères étaient survenues, et une mêlée générale s'en était suivie, au milieu de laquelle on voyait tomber des bonnets, des casquettes, des cheveux et force injures.

Sur la plainte réciproque des deux mères, débats ouïs, la provocation est restée à la charge du peintre Edouard, qui a été condamné, en la personne de sa mère, à 25 fr. d'amende et à une pareille somme de dommages-intérêts.

Mme Gibou, dans la vieille romance de noce de Mlle Pochet, a bien soin de faire figurer la gibelotte au nombre des plats qui composaient le repas de noce, repas, dit-elle, fort satisfaisant en toute espèce de légumes, et dans lequel figuraient cinq vrais lapins dont elle était sûre d'avoir vu les têtes. C'est là la constatation d'un fait, savoir qu'aux portes de Paris on façonne des gibelottes avec toute autre espèce de viande que celle du lapin domestique, et que, pour dissimuler la fraude, on a soin de faire disparaître les têtes des animaux employés à la confection de fausses gibelottes. Ce qui jusqu'ici n'a été qu'un bruit vague, traité sans doute de calomnie par tous les gargotiers de la banlieue, sera désormais chose avérée par ceux qui liront les débats du procès dirigé contre le sieur Bezony.

Bezony est accusé d'avoir vendu à des gargotiers des chats morts, destinés à être façonnés en gibelotte. Cent vingt-cinq peaux de chats ont été trouvées à son domicile. Quinze têtes sanglantes récemment séparées du tronc, quinze cadavres sans tête dépouillés de leur peau, étaient autant de témoins accusateurs devant lesquels toute dénégation était impossible. Bezony a tout avoué.

Le président. — On a saisi chez vous quinze chats morts et cent vingt-cinq peaux de chats?

Bezony. — Depuis 1858 je prépare des chats pour la cuisine ; je ne trompe personne : je livre ces chats aux gargotiers pour du chat.

Le président. — Cela n'est pas probable. Quels

sont les restaurateurs auxquels vous vendiez du chat pour faire des civets?

Bezony. — Je ne veux pas les nommer; cela pourrait leur faire du tort.

Le président. — On conçoit en effet que les consommateurs...

Bezony. — C'est une erreur, monsieur le président, ou plutôt un préjugé. Le chat est une viande très-salutaire. J'ai le secret de le préparer de manière qu'il est impossible de le distinguer d'avec du lapin. Je n'ai pas jugé à propos de prendre un brevet d'invention pour cela. Mais vous-même, monsieur le président, je veux vous faire manger un chat accommodé à ma façon. (Longue hilarité.)

Le président. — Comment vous procuriez-vous tous ces chats?

Bezony. — Je les achetais aux chiffonniers. Il s'en fait un commerce considérable; et jamais aucun estomac ne s'en est plaint. Je ne préparais d'ailleurs que les chats de bonne qualité. (On rit.)

Le président. — Il résulte de cela que les consommateurs étaient trompés sur la nature des marchandises qu'on leur vendait; et qu'ils mangeaient du chat en croyant manger du lapin.

Bezony. — Au prix où est le lapin, il est impossible que les consommateurs aient pu croire qu'on leur en donne si large portion pour si peu d'argent. Un lapin vaut 3 francs, je donnais un beau chat, un chat première qualité, pour 75 centimes (On rit.)

Le président. — Pour que les consommateurs n'eussent pas à se plaindre d'être trompé, il aurait fallu que vos restaurateurs, au lieu de mettre sur leurs enseignes : *Excellente gibelotte de lapin,* y eussent fait inscrire : *Excellent civet de chat*. (Longs éclats de rire.)

Bezony. — Personne ne s'est plaint ; j'ai d'ailleurs été averti de la visite de M. le commissaire de police, et je n'ai rien caché. Je croyais faire une chose permise, et je *travaillais* en toute sécurité.

Le tribunal a condamné Bezony à quinze jours d'emprisonnement. (L'*Événement*, 6 février 1866.)

TURQUIE

Les chats sont traités à Constantinople avec les mêmes égards que les enfants d'une maison. On ne voit que des fondations faites, par les gens de la plus haute considération, pour l'entretien des chats qui veulent vivre dans l'indépendance. Il est des maisons ouvertes où ils sont reçus avec politesse et ils peuvent y passer les nuits. (*Voy. du Levant*, de Tournefort, de l'Académie des sciences.)

LES CHATS

TROISIÈME PARTIE.

NOTES BIBLIOGRAPHIQUES ET ICONOGRAPHIQUES.

BIBLIOGRAPHIE

A bon Chat, bon Rat, comédie en 1 acte et en prose; par Mme Durand. Cette pièce se trouve dans le *Théâtre de Mme Durand, ou Comédies et proverbes en prose,* Paris, Claude Barbin, 1699, in-12, et dans le *Voyage de campagne* de Mme la comtesse de Murat, t. II.

A bon Chat, bon Rat, comédie prov. en 1 acte et en prose; par Mlle Marie Deraismes. Parys, Amyot, 1861, in-12 de 47 pp.; 2e éd. en 1862.

A Cat may look upon a King (Un chat peut regarder un roi). London, 1652, in-12.—Amsterdam, 1714, in-8.— Violente satire contre les divers souverains qui ont successivement régné dans la Grande-Bretagne. Elle a été réimprimée dans le 13e volume de la *Collection des pièces diverses* (*Tracts...*), rédigée par Somers; 2e édition, 1809-1815, revue par Walter Scott.

Almanach de Belgique, 1863. A la p. 176, il contient une anecdote intitulée : *Un chat bien avisé.*

Almanach des Muses, 1779, p. 89, apologue (82 vers), de Bérenger :

« Minette, eh! quoi, tu n'es donc qu'une bête,
Toi dont l'esprit m'avait toujours surpris, etc. »

Amphitheatrum sapientiæ socraticæ. — On trouve dans ce recueil de Dornavius : *Floriæ vita et oratio funebris in felim.*

Anatomie descriptive et comparative du chat, type des mammifères en général et des carnassiers en particulier; par Hercule Straus-Durckheim. Paris, 1845, 2 vol. in-4°, et atlas de 25 planches in-folio.

L'*Anvari Sobaïli,* recueil indien, publié à Calcutta, en 1803, contient, fol. 18, *la Vieille et le Chat maigre,* qui est la 108e fable de *Babrias* et la 121e de Furia.

Apologie du Chat; par Lemesle. Paris, 1825, in-12, de 24 pages. Extrait de la *Bibliothèque physico-économique.*

Arnault, fabuliste : *Le Chien et le Chat.* — *La Levrette, le Chat et le Dogue.* — *Le Chat.* — *Le Chat, le Chien et le Maître.*

Aubert, fabuliste : *Le Chat et la Chatte.* — *Les deux vieilles Chattes.* — *Le Chien d'un poëte et la Chatte d'un abbé*).

Aventures de la dame Trotte et de sa chatte (*Bibliothèque du premier âge.*

Babrius, ou Babrias, auteur de Fables grecques : *Le Chat et le Coq.* — *La Poule et le Chat.*

Fables esopiennes de Baldo, publiées par M. E. du

Méril; *Poésies inédites du moyen âge précédées d'un Essai sur la fable ésopique* (1854, in-8°) :

De mure et Gatto. Le rat et le chat. Cette fable a été insérée avec un dénoûment différent par Jean de Capoue dans son *Directorium humanæ vitæ*, chap. 8; elle se retrouve dans la *Filosofia morale* de Doni, fol. 85.

De lepore, catto et pardo. Le lièvre, le chat et le léopard. Cette histoire se retrouve dans des recueils d'apologues indiens (*Poutcha-Tautra*, chap. 3, p. 152) et arabes (*Calilah et Dimnah*, chap. 5, fabl. 5).

Bergeyret lou Nebou (Bergeret neveu). *Fablos causidos tremudados en berses gascouns.* Paris, 1816 : *Lou gat é lou bieil rat* (d'après la Fontaine). — *Lou gat, la belète é lou lapinot* (d'après le même).

Bertrand et Raton, chanson par Ch. Choux. Paris, 1846, in-8°.

Beware of the cat (Prenez garde au chat). London, 1584, in-12. Poëme satirique dirigé contre l'Eglise de Rome. On n'en connaît qu'un seul exemplaire (encore est-il imparfait du titre) qui parut successivement aux ventes Roxburghe et Heber.

M. Seyffarth a fait connaître dans ses *Beytrage zur ægyptischen litteratur kunst*, etc., un papyrus égyptien conservé au Musée de Turin, et où sont représentés des animaux imitant les actions des hommes. Des chats sont retranchés dans un château et attaqués par des souris armées d'arcs et de flèches.

Blanc-blanc, ou le chat de Mlle Cliton, à l'abbé C... ; poëme héroïque divisé en quatre chants. Lyon, 1780.

in-8°, de 23 pages. (Catal. de la bibliothèque lyonnaise. Coste, n° 17,298.)

Le Buffon poétique, Paris, 1832, in-12. Voir les pages 80 et suivantes.

Celle-ci et celle-là; par Théophile Gautier.

EXTRAITS :

« — Hop ! Mariette, ouvrez aux chats, et faites-moi à déjeuner.

« Mariette, comme une servante-maîtresse qu'elle était, ne se dépêchait pas trop d'obéir ; enfin elle ouvrit, et trois ou quatre chats, de grosseur et de pelage différents, allèrent prendre place sans façon dans le lit, à côté du passionné Rodolphe ; car, après les femmes, les bêtes étaient ce qu'il aimait le mieux. Il les aimait comme une vieille fille, comme une dévote dont son confesseur même ne veut plus, et je puis assurer qu'il mettait un chat infiniment au-dessus d'un homme, et immédiatement au-dessous d'une femme. Albert avait essayé en vain de supplanter, dans l'affection de Rodolphe, Tom, son gros matou tigré : il n'avait pu obtenir que la seconde place : je crois même qu'il aurait hésité entre sa petite chatte blanche et la brune madame de M***. »

« Mariette apporta le déjeuner. Albert s'attabla auprès du lit, et toutes les têtes de chats, comme des girouettes dans le même rumb de vent, se tournèrent simultanément du même côté. Albert mangea comme une meute de dogues, Rodolphe un peu moins, car il était inquiet du sort de sa pièce de vers, et il distribua presque toute sa viande à ses parasites fourrés. »

«...Lorsque Rodolphe rentra chez lui, il entendit ses

chats qui miaulaient du ton le plus piteux du monde : Tom en faux-bourdon, la petite chatte blanche en contralto, et son chat angora avec une respectable voix de ténor qu'eût enviée Rubini.

« Ils vinrent à lui d'un air de contentement ineffable, Tom en faisant chatoyer ses grandes prunelles vertes, la petite chatte en faisant le gros dos, le chat angora en dressant sa queue comme un plumet, et ils lui souhaitèrent sa bienvenue du mieux qu'ils purent. »

Le Chat, poëme en six chants ; par M. Guyot-Desherbiers, ancien directeur du comité de législation civile sous le directoire, membre du conseil des Cinq-Cents et de celui des Anciens. Né en 1745, mort en 1828.

Il existe deux manuscrits de ce poëme, l'un écrit sur peau vélin ; l'autre, accompagné de notes, écrit sur papier. Tous les deux sont de la main de l'auteur.

Le Chat (Théâtre de la foire). Parade, ms. in-4°. (Catalogue La Vallière, 1re partie, n° 3305 19.)

Le Chat botté ; par Charles Perrault.

Le Chat botté, féerie de Vanderburch (théâtre Comte).

Le Chat botté, ou la Saboterie élastique. Ouvrage annoncé dans *l'Ane promeneur*. Pampelune, 1786, in-8°, mais qui n'a jamais été fait.

Le Chat d'Espagne, nouvelle (par J. Allius). Grenoble, 1669, in-12.

Le Chat de la mère Michel et le bœuf gras en 1852. Paris, l'auteur, 1852, in-4° d'une demi-feuille.

Le Chat de la portière, vaudeville en un acte ; par Louis Huart et Albéric Second (Folies dramatiques, 1838). Cette pièce, quoique beaucoup sifflée lors de la première représentation, a été jouée cinquante fois. Le public finit par y rire et même par l'applaudir (Journal l'*Événement,* 12 décembre 1865).

Le Chat de la vieille, par G. F. de Grandmaison y Bruno. Paris, 1852, in-32 de 2 feuilles.

Le Chat enganté. Pamphlet contre les Bourbons (Leber, tome IV, p. 238).

Le Chat et le Pucelle d'Issoudun, cité dans le *Dictionnaire des romans*, 1819, p. 22.

Hoffmann (E.-T.-A.).

Contes fantastiques : *Les Contemplations du chat Murr.* A été traduit aussi sous le titre : *Le Chat Murr, ou le Philosophe Angora*, 4 vol.

Ce matou, étant parvenu à dompter sa passion naissante pour la belle chatte Mina, resta dans la chambre et ne visita plus ni toit, ni cave, ni grenier. Son maître en parut content, et lui permit de s'asseoir derrière lui sur la chaise quand il étudiait, et de regarder, le cou tendu, dans le livre qu'il lisait... Cette lecture, qui le distrayait beaucoup, donna un grand élan à son esprit, et le mit à même d'écrire ses mémoires.

« L'auteur qui peut-être a le mieux saisi ces rapports, c'est le célèbre Hoffmann, dans son manuscrit du *Chat Murr,* ouvrage plein de contemplations philosophiques sur la vie. C'était un gros et superbe matou que ce Murr, compagnon poli, sensé et spirituel de son maître, et qui, comme le chat de Locke, reposait sur sa table, tandis qu'il travaillait, et, comme celui-ci, parfois répondait à son maître, quand il s'adressait à lui dans ses rêveries fantastiques. Ses sages méditations, ses idées sublimes, son esprit d'indépendance et sa sentimentalité, dominée par intervalles par une sauvagerie instinctive, nous présentent un tableau si frappant et si ingénu du caractère de l'espèce, que toute histoire naturelle doit rester en arrière. » (Extrait de l'article sur *les Chats*, de Paul Kloz.)

Le Chat noir; par Edgar Poe. Roman.

Le Chat perdu et retrouvé. Opéra comique de M. de Carmontelle, mus. de M. de la Borde. Joué en société en 1771.

Le Chat qui écrit. Ouvrage cité par Mme la comtesse d'Aulnoy, dans sa *Chatte blanche*.

Le Chat tout en velours; par Mme Mélanie Dumont. Paris, Mulo, 1860, in-4°, illustré de 8 fig. lithographiées à 2 teintes, fig. coloriées. 4 fr. 50.

Le Chat Trott. Roman, par Champfleury.

Le Chat volant de la ville de Verviers; histoire véritable (par le baron de Walef). Amsterdam, Jacques le Franc, à l'enseigne du *Chat botté* (Liége). 1727, in-12. C'est un poëme satirique.

Les Chats en VIII plans (par M. Paradis de Moncrif). Paris, Quillau fils, 1727 in-8°, avec 9 fig. de Coypel. Réimp. plusieurs fois.

Les Chats héroïques. Grand opéra. La scène se passe à Paris, dans la rue Lepelletier. (Le théâtre représente un toit et une gouttière. Il fait nuit.) Pièce satirique en vers, imprimée dans les *Satires, contes et chansonnettes*, de Boucher de Perthes. Paris, 1833, pp. 215 et suivantes.

Les Chats républicains. Paris, 1832. Broch. politique, in-8°.

La Chatte blanche, féerie en trois actes et 22 tableaux, précédée de la Roche noire, prologue; par Cogniard frères. Paris Michel Lévy, 1852. Théâtre national (ancien Cirque, 12 août 1852).

La Chatte blanche; par Mme la comtesse d'Aulnoy. Charmant conte de fées. Publié souvent séparément et dans le *Cabinet des fées.*

La Chatte merveilleuse, opéra-comique en 3 actes; par Dumanoir d'Ennery, mus. d'Albert Grisar. Paris, Michel Lévy, 1862, in-12, de 70 pp. (Théâtre Lyrique, 18 mars 1862.)

La Chatte métamorphosée en femme est évidemment d'origine indienne. C'est la 172e fable de Nivelet, la 27e de la collection de Rinicius; c'est certainement le sujet de la fable que Julien, lett. LVII, p. 175, attribuait à Babrius en en citant le 1er vers.

La Chatte métamorphosée en femme. Opérette en 1 acte de Scribe et Mélesville, mus. de J Offenbach. Th. des Bouffes Parisiens, 1864-65.

Chien et Chat; par Achard.

Chien et Chat ; par de l'Estoile, inséré dans le journal *la Presse,* 14 sept. 1862.

Le Chien et le Chat, article inséré dans le journal *le Soleil,* 19 octobre 1865.

Le Chien et le Chat ou l'abbé Grégoire et l'abbé Maury. Paris, 1790. in-8°.

Le Chien et le Chat, ou les Deux Mirabeau. Leber, tome IV, p. 224.

Chien et Chat, vaudeville en un acte et à deux personnages. Une pièce (Wolf, 1862, p. 223) jouée au théâtre Comte porte ce titre.

Chien et Chat, article de Louis Leroy, dans le *Charivari*, 3 nov. 1865.

Chien et Chat, ou Mémoires de Capitaine et Minette, histoire véritable, traduite de l'anglais et illustrée de 45 vignettes, par Bayard. Paris, L. Hachette et Cie, 1863, gr. in-16, de 246 pp. (Bibliothèque rose illustrée.)

Chien et Chat. Mémoires de Capitaine et de Pussy; histoire fondée sur un fait réel. Paris et Strasbourg, veuve Berger-Levrault, 1862, in-12, de 110 pp. et fig.; 1 fr.

Les Conseillers d'Albert Durer; par Louis Barré. Paris, in-8°. — « Sur ces deux petits meubles étaient couchés deux animaux domestiques qui paraissaient les favoris de l'habitant de la cellule. C'était un magnifique chat blanc angora et un petit barbet noir.

« Or, ce chat était une chatte. Murra, tel était son nom... A moitié endormie et mollement couchée près du foyer, l'heureuse proportion de ses membres se révélait déjà par l'harmonie de sa pose; la gaieté, la vivacité de son esprit, par l'éclat de ses yeux qui s'entr'ouvraient de moment en moment; l'égalité de son humeur, par celle de la respiration qui gonflait et déprimait successivement ses flancs délicats; la pureté de ses mœurs enfin et la sagesse de sa conduite, par la décence de son maintien, par le poli et l'exquise propreté de sa robe blanche sans tache.

« ... Chaque fois que Murra voyait son maître disposé à contempler ses jeux, elle folâtrait sur ses genoux, se glissait tout autour de lui sur le large siége, sautait sur les bras du fauteuil ou semblait prendre son vol jusqu'au sommet du dossier. Je dis son vol, car il y a dans l'élite des quadrupèdes de la race féline quelque chose de l'oiseau : la légèreté spécifique des os et des muscles de l'animal est telle, que chaque mouvement paraît chez lui s'exécuter sans effort ; il court, sans jamais s'essouffler, il monte comme par une force ascendante intérieure, et se trouve soutenu par cette même force lorsqu'il descend d'une grande hauteur sans accroissement de rapidité, sans chute proprement dite et sans choc sur le sol ; même quand le chat tombe, on ne voit pas, mais on distingue qu'il a des ailes. — J'ajouterai qu'on a calomnié les chats en disant qu'ils ne caressent pas leur maître, mais qu'ils se caressent à lui. Murra, du moins, avait dans toutes ses allures un air de réserve modeste, dans ses jeux un désintéressement, qui marquaient assez qu'elle ne s'ébattait point pour son seul plaisir...

« Si Murra semblait être le bon génie du peintre Schwartz, le vilain barbet pouvait paraître le démon auquel, dans un moment funeste, il avait donné accès près de lui... »

Des animaux d'appartement et de jardin, par F. Provost, in-32, 46 fig., 1 fr. dans le texte, fig. color.; 2 fr. — Oiseaux, poissons, chiens, chats. Paris, 1861.

Deux nouvelles et une pièce, tirées des œuvres de Ludwig Tieck, et trad. de l'allemand par Fulgence Fresnel : *Amour et magie ;* Egbert le Blond ; *le Chat botté*. In-12. Benj. Duprat, 1865, 4 fr.

Diatribe medico-seria de morbis biblicis, etc., à Christiano Warlizio. Witembergæ, 1714, pet. in-8°, pp.. 386-389. L'auteur demande : *Cur feles fœminæ in congressu tam vehementer ululent ?* Et ensuite : *Cur feles de nocte clariùs videant ?*

Dissertation sur la préminence des chats, dans la société, sur les autres animaux d'Egipte (sic), *sur les distinctions et privilèges dont ils ont joui personnellement, sur le traitement honorable qu'on leur faisoit pendant leur vie, et des monuments et autels qu'on leur dressoit après leur mort avec plusieurs pièces curieuses qui y ont rapport.* Rotterdam, 1741 ; et Amsterdam, 1767, in-8°, avec figures curieuses. C'est l'ouvrage de Moncrif.

Eloge de Minette Ratoni, chat du pape en son vivant et premier soprano de ses petits concerts. Felisonte, 1795, in-4° de 26 pages. — Cet opuscule, tiré à 15 exemplaires, est attribué à Rivarol. Il a pour but de justifier l'attachement extraordinaire de la princesse Albertine W-iska pour un superbe chat ardoisé, supposé arrière-petit-neveu du favori du pape Benoît XIV. (Solvet, *Etudes sur la Fontaine,* 1812, page 74.)

L'Espadon satyrique, contient *la mort d'un perroquet que le chat mangea.*

Farce nouvelle, très-bonne et très-joyeuse, de Jeninot qui fist un roy de son chat, par faulte d'autre compagnon, en criant : Le roy boit ! et monta sur sa maistresse pour la mener à la messe, à troys personnaiges, c'est assavoir : le mary, la femme et Jeninot. (N° 17 du tome 1er de l'*Ancien Théâtre français*, édition elzevirienne de Jannet.)

Favola di due Gattie della scimia (les deux Chats et le singe). Firenze, 1730, in-8°.

La Fille du Chat botté; par Alexandre de Saillet. Ill. de 8 gravures à 2 teintes. Paris, Courcier, 1862, in-8° de 72 pages. (Biblioth. de la jeunesse.)

Florian : *Les Deux Chats. — Le Chat et les Lunettes. — Le Chat et le Miroir. — Le Chat et le Moineau. — Le Chat et les Rats. — Le Chien et le Chat.*

J. Foucaud, *Fables en patois limousin. Lou Cha e lou Renar* (d'après la Fontaine). — *Lou Cha, le Beleto e lou piti Lapin* (d'après le même). — *Lou Cha e un viei Ra* (d'après le même).

Furetière : *Les Chats et les Rats* (fable 10). — *Le Chat et le Rat* (fable 51).

Les Fureurs de la mère Michel, tragédie burlesque en un acte et en vers, de C. Stellier. Paris, Mifliez, 1864, in-8° de 16 pages.

La Galéide ou le Chat de la nature, poëme suivi de notes, d'un précis et d'un jugement sur le Mantouan, avec la traduction de plusieurs morceaux des Eglogues de ce poëte, etc.; par Moutonnet, citoyen français, de la société libre des sciences, lettres et arts de Paris, séante au Louvre (par de Clairfons). A Galeopolis (Paris), chez Galéophile, rue des Chats, à l'enseigne du Matou, An VI (1798).

Une gravure représente un chat grimpant à un arbre après un oiseau. A la fin du volume se trouve une pièce en vers, de 8 pages, paginée séparément, et intitulée : *le Chat de la nature.*

Il existe un exemplaire sur vélin de cet ouvrage, où se trouve le dessin original de la gravure et une épreuve avant la lettre de cette gravure. Vendu en 1823, catalogue Chardin, n° 1673.

Galeomyomachia (combat des rats et des chats), tragœdia græca sic dicta, cum præfatione gr. Arisobuli Apostolii hierodiaconi, s. l. n. d. (v. 1494), pet. in-4° de 10 f. 1er ex. à la Biblioth. Mazarine, catal Askew, n° 1818. Audin en a fait une réimpr. à Florence, en 1842, gr. in-8° de 12 f. tiré à 50 ex.

La Galéomyomachie a été souvent réimprimée, soit avec la *Batrachomyomachia*, soit avec les fables d'Esope. (Brunet, *Manuel du Libraire.*)

Lope de Vega a composé un poëme intitulé *la Gatomaquia* (la Guerre des Chats). Il est inséré dans la collection de ses œuvres et il en a été donné une édition séparée. Madrid, 1826, petit in-8°. Cette épopée burlesque se retrouve aussi tout au long dans le *Manuel de la littérature espagnole* (en allemand), par Louis Lemcke (Leipzig, 1855, t. II, p. 449-499). Elle est qualifiée d'une des perles les plus précieuses de la littérature castillane. L'ouvrage débute ainsi : « Moi qui, dans les temps passés, ai chanté les forêts vêtues d'arbres élevés et les prés couverts de troupeaux et de fleurs ; moi, qui ai célébré jadis les armes et les lois qui maintiennent les royaumes et les rois, aujourd'hui, faisant usage d'un instrument moins grave, je chante les amours, les colères et les dédains, les succès et les revers de deux chats vaillants et illustres. Muses qui accompagnez Apollon, venez à mon aide, secondez-moi dans cette noble entreprise ! » Les deux héros se nomment Marramaquiz et Mizizuf ; ils se disputent le cœur de la belle Zapaquilda. Une grande érudition mythologique s'étale dans cette composition ; les personnages les plus illustres de l'histoire grecque et romaine y sont invoqués.

Lope a jeté avec beaucoup de goût, sur ce fond si léger, les idiotismes les plus gracieux de la belle langue castillane ; la *Gatomaquia* sera toujours lue avec plaisir.

Gauldrée de Boilleau, fabuliste (1814) : *Le Bal des Chats.* — *Le Chat.* — *Le Chat et les Souriceaux.* — *La Chatte et les Poissons dorés.* — *La Chatte et le Pourceau.* — *Le Perroquet et le Chat.* — *Les Souris et le Chat.*

Gay (John), fabuliste anglais. On a de lui les fables suivantes : *The Rat-Catcher and the Cat* (Le Preneur de Rats et le Chat), f. XXI. — *The Old Woman and her Cats* (La Vieille Femme et ses Chats), f. XXIII. — *The Man, the Cat, the Dog and the Fly.*

Fables de J. Gay, traduction de l'anglais, par Madame de Keraglio, Londres, 1759, in-12. — Il y a aussi une traduction par Joly, en 1811, in-18.

Ginguené. *Les Jeunes Rats et la Chatte*, fable.

Grécourt (l'abbé de), fables : *Le Chat et le Coq.* — *Le Chat et la Coquille,* — *Le Chat et la Minette.* — *Le Chat et la Lamproye.* — *La Fourmi et le Chat.* — *La Guenuche et la Jeune Chatte.* — *Le Chat, adressé à M. le chevalier d'Orléans*, conte érotique. — *Le Chat*, fable. — *La Chatte délaissée*, conte érotique. — *Origine du cri des chats lorsqu'ils se font fête*, conte.

Green (Mathieu), poëte anglais, mort en 1737. Une de ses meilleures plaisanteries est une requête des chats de la douane, à qui l'on voulait ôter une pension de quelque monnaie, allouée pour leur nourriture. La requête empêcha cette suppression. *Dict.* (Peignot.)

Guérison surprenante opérée par don Bertrand et dame Minette; par A. Maugars, 8 gravures. Paris, in-16 obl. de 32 pp. 1861.

Guerle (J. N. M. de): *OEuvres diverses*. Paris, 1829, in-8° — *Le Vieux Chat*, fable, se terminant ainsi :

Un méchant muselé fait patte de velours,
Il parle humanité, justice ; l'hypocrite!
Bonnes gens, prenez garde à la griffe maudite!
Qui fut chat le sera toujours.

Hellius (F. Victor) : *Phellina*. Paris, 1562. Rarissime (Catalogue Courtois, n° 1708).

Histoire d'une chatte écrite par elle même. Paris, 1802, in-12, fig. (Catal. Gouin, 1865, n° 14.)

Houdetot (Madame d').
Vers à Mademoiselle P***, en lui envoyant un chat. (Imprimés dans l'*Anthologie française*); Paris, 1816, p. 32.

Jauffret: *Le Carême du Chat. — Le Chat électrisé. — Le Vieux Chat et la Pie. — Le Chat et le Rat. — Le Chat, le Rat et le Roquet. — Le Chat et le Singe. — Le Chat et la Taupe. — Le Chat et ses parents d'Afrique. — Les Chats et le Financier. — Les Deux Chats. — La Chatte à ses derniers moments.— Le Serin et le Chat. — La Taupe et le Chat.*

Journal des spectacles, de la littérature et des arts. Il contient, à la date du 20 nivôse an VII, un article très-curieux, signé Simplex, sur un chat.

Quand et pourquoi les Suisses ont-ils adopté le chat pour symbole?

Voir, sur cette question posée au sujet d'une erreur de Bouillet, trois passages intéressants de l'*Intermédiaire* (1864, pages 198 et 259, et 1865, colonne 111).

Kokoli, ou Chien et Chat. Pièce dramatique jouée au théâtre Comte.

Kriloff, fabuliste russe: *Le Brochet et le Chat.— Le Chat et le Cuisinier. — L'Homme, la Chatte, le Chat et le Faucon.*

Lachambeaudie: *Le Chat et la Tourterelle. — Le Chat, la Souris et l'Oiseau. — Les Deux Chats et la Souris.— La Vieille Chatte et les Jeunes Chats. — La Jeune Fille, le Chat et le Chardonneret. — L'Homme et les Chats.*

La Fontaine (Jean de). Cet auteur donne le chat comme type modèle de la ruse, de la fourberie et de l'hypocrisie. Sa fable, la *Chatte métamorphosée en femme* a donné naissance à beaucoup de pieces dramatiques. On attribue à cet auteur: le *Miaulement des Chattes*, conte en vers publié pour la première fois (en France), s. l. n. d., avec privilége du roi daté de 1667, 2 part. in-12.

Ses fables sont, du reste, entre les mains de tout le monde.

Lamotte: *Le Chat et la Souris*, fable.

Lavalette: *Fables*, 1841, in-8°. — *Le Chat navigateur. — La Chatte.*

Lettre historique sur la mort d'un serin et d'un matou, Paris, 1748, in-12.

Lidener : Fables imprimées à Nantes, en 1840, 3 vol.

— *Le Cocher et le Chat. — L'Enfant et le Chat. — Le Chien et le Vieux Chat. — Le Chat et l'Anguille. — Les Chats et les Rats. — L'Homme et le Chat. — Le Renard et le Chat. — Le Chat et les petits Oiseaux. — Le Chien et le Chat. — L'Angora et le Propriétaire. — Le Rat et le Chat. — Le Jeune Poulet et le Vieux Chat. — Le Chat.*

Le Chat. Fable de Lokman. Elle est imprimée en arabe dans l'édition de ces apologues exécutée par l'imprimerie royale. Paris, 1846, in-18.

Comme elle est fort courte, nous croyons pouvoir la reproduire ici :

« Un chat entrant un jour dans la boutique d'un « forgeron, trouva par terre une lime et se mit à la « lécher. Sa langue saignait, et il avalait le sang, « croyant qu'il sortait de la lime, tant qu'enfin sa « langue s'étant usée, il creva. — Cette fable regarde « celui qui dépense ses biens sans nécessité, et qui. « pour n'avoir pas calculé ses dépenses, se jette, à « son insu, dans la misère. »

Magasin pittoresque : tome VIII, 1840, pp. 11 et suiv. : *Physionomie du chat ;* par J. Granville. Article et dessins très-curieux. Vingt croquis. Le sommeil, le réveil, réflexions philosophiques, étonnements et admiration, grande satisfaction et idée riante (Minet vient de dire un bon mot, de faire une malice), convoitise naïve, calme digestif, gaieté avec épanouissement, colère mêlée de crainte, etc.

Grandville a observé sur la figure du chat 75 expressions différentes ayant toutes des rapports plus ou moins sensibles avec les signes des passions qui modifient incessamment la physionomie humaine. Ces expressions peuvent se subdiviser en nuances plus nombreuses encore.

Mémoires de l'Académie des Sciences, article de Fontenelle. Paris, 1700. Voir la page 156

Parent est auteur d'une *Etude physique du* chat, insérée dans les *Mémoires de l'Académie,* 1700. L'*Encyclopédie du XVIII*e *siècle* en donne une analyse détaillée à l'article Chat.

Mémoires d'une petite Chatte; par Mme Chevalier-Désormeaux. Paris 1865, Fontenay et Peltier, in-12, de XI—308 pp., 2 gravures.

Mémoire sur l'emploi des chats dans l'art musical, et sur le procédé de leur mordre la queue afin qu'ils miaulent de concert. A Utremifasola, l'an 915, in-4. Cité dans les *Fantaisies bibliographiques* de M. Gust. Brunet. Paris, Jules Gay, 1864, page 8, au *catalogue de livres singuliers que jamais nul bibliophile ne verra.*

Memoria sull'attuale epidemia de'Gatti. Pavia. 1798, in-4°, de 26 p.

Mémoires de Mme de Staal. Elle y raconte qu'étant enfermée à la Bastille avec sa chatte qui était pleine, elle eut plusieurs petits chats qui lui firent passer agréablement les ennuis de sa captivité.

(Voir ses *Mémoires*, t. II, p. 126, édit. de 1755.)

Le Miaou ou très-docte et très-sublime Harangue

miaulée par le seigneur Rominagrobis le 29 déc. 1733. A Chatou, chez Minet, 1734, in-8, de 8 pages.

La Mère Michel, comédie-vaudeville en un acte et en vers ; par Alexandre Martin (Th. d'amateurs). *Belfort,* impr. Clerc, 1864, in-8° de 31 p. (*manque à la Bibl. Impériale*).

Minet bleu et Louvette; par Mme Fagnan, conte des fées se trouvant dans la *Bibliothèque des génies et des fées.* Paris, Duchesne, 1765, 2 vol. in-12, dans le tome XXXV du *Cabinet des fées,* etc.

Monmorran : *l'Epagneul et l'Angora,* fable, 1863.

Moore (Edward), fabuliste anglais : *The Farmer, the Spaniol and the Cat* (le Fermier, l'Epagneul et le Chat), fable IX.

On sait qu'un littérateur italien s'est amusé à composer huit *nouvelles* en latin qu'il donna comme une production inédite du conteur Jérôme Morlini, et plusieurs connaisseurs s'y trompèrent. Un bibliophile français a fait imprimer à quelques exemplaires seulement ces nouvelles. La première est intitulée : *De monacho cujus priapum felis arripuit.* — Morlini avait d'ailleurs traité un sujet semblable, mais avec quelques différences, dans la 58e de ses nouvelles : *De fele quæ unguibus priapum domini arripuit.*

Moumoute et Carnage; par Eug. Nyon. — Paris, Ducrocq, 1864, in-12 de 344 p. et 20 dessins, 2 fr.

Les *Novelle galanti,* de Fuerroni, Paris, 1801, contiennent une nouvelle en vers intitulée : *Le Chien et le Chat.*

Oracion en que se persuade... (Discours où l'on démontre qu'il est préférable de tolérer les rats plutôt que d'avoir des chats chez soi). Madrid, 1779, in-4°. Catal. Dinaux, 2e partie, n° 284. Facétie piquante.

Privat d'Anglemont (Alex.). Dans son *Paris-Anecdote*, 1854, in-18 de 530 pp., on trouve l'*Exterminateur de chats*, et la *Bouillie pour les chats*.

La *Patte du chat*. Conte zinzinois (par Cazotte, Paris), 1741, in-12.

Les Peines de cœur d'une chatte anglaise (attribué à Honoré Balzac), in-18.

Le Petit thrésor latin des ris et de la joye, dédié aux révérends Pères de la mélancolie. Londres, 1741, in-12, figures. — Cette 4e édition est augmentée du *Combat des chiens et des chats*, qui se trouve à la fin du volume.

La Petite Cendrillon ou la Chatte merveilleuse. Comédie-vaudeville en un acte, par Désaugiers et Gentil (1810). La chatte s'appelle dans cette pièce la *Fée Minette*.

Les Petites Chattes de ces messieurs, par Henry de Kock. Paris, Ach. Faure, 1863, in-12. Ouvrage n'ayant d'autre rapport que le titre avec notre sujet.

Plaidoyers d'un Perroquet, d'un Chat et d'un Chien. Paris, 1803, in-18, fig.; et Paris, G. Mathiot, 1810, in-18, de 126 p. et frontisp.

Madame Eusiébine, dégoûtée du monde, faisait sa seule société d'un perroquet, un chat et un chien.

En mourant, elle fit un testament en faveur des trois compagnons de sa retraite, léguant cinquante écus à l'un, cent francs à l'autre et cinquante francs au troisième ; mais sans désigner celui qui devait avoir la plus forte somme. Chacun réclama le premier legs et prétendit y avoir des droits. Les concurrents se choisirent des avocats pour plaider leur cause, et un juge pour prononcer sur leur différend. L'avocat du chat se répand en éloges sur les services rendus par son client :

« . . . . . Les titres sur lesquels est fondée la justice des prétentions de ma partie, sont des plus incontestables et des plus évidents. Mimi a su plaire, Mimi a su être utile. C'est en vertu du double privilége de l'agrément et de l'utilité qu'il demande le premier legs ; pourrait-on, sans injustice, le lui refuser ? etc., etc. » Malheureusement, la décision du juge ne lui est point favorable : le chat n'a que la moindre somme, comme étant voleur et ayant un mauvais cœur.

Poésies de Marie de France..... Paris, Chasseriau, 1819, 2 vol. in-8°. Voici, traduite en prose, une de ses fables qui a été versifiée par la Fontaine.

LE CHAT ET LE RENARD.

« Un chat et un renard s'étaient associés ensemble pour voyager. Si nous étions attaqués, dit le chat, quelle ruse as-tu pour te défendre ? Mon sac en est tout rempli, répondit le renard ; mais je ne l'ouvrirai que dans le besoin. Pour moi, reprit le chat, je n'en ai qu'une. Comme il parloit, deux chiens fondent sur les voyageurs. Voici ma ruse, dit le chat ; et aussitôt il grimpe sur un arbre. Le renard, moins leste, est déchiré par les chiens. Eh! pourquoi n'ouvres-tu pas ton sac? lui crie le chat du haut de sa branche. Ils ne m'en ont pas donné le temps, dit le renard près d'expirer. Je vois maintenant, mais trop tard, que dans l'occasion l'on n'a besoin que d'une ruse, pourvu qu'elle soit bonne. »

La fable de la Fontaine qui porte le même titre est la 14e du IXe livre. Voici l'endroit où il a suivi son modèle le plus près:

« En sais-tu tant que moi? j'ai cent ruses au sac.
Non, dit l'autre, je n'ai qu'un tour dans mon bissac,
Mais je soutiens qu'il en vaut mille. »

Le Procès du chat ou le Savetier arbitre, vaudeville, par M. D... T... (Taconet?). Ph. D. Langlois, 1767, in-8° (*catalogue Soleine*).

Programme du Chat botté, pantomime, par M. Arnould. — Dans le *Recueil des fêtes et spectacles donnés à S. M. à Versailles, à Choisy et à Fontainebleau, pendant l'année* 1772-73. Paris, Ballard, 1772-73, 3 vol. in-8°, catal. Nyon, n° 18281.

Rabelais : *Pantagruel*, livre IV, chap. LXVII. *Comment Panurge, par male paour, se conchia et du grand chat Rodilardus pensa que fust diableteau.* — Livre V, chap. XI. *Comment nous passâmes le guichet habité par Grippeminaud, archiduc des chats-fourrés.* — Chap. XII. *Comment, par Grippeminaud, nous fut proposé un énigme.* — Chap. XIII. *Comment Panurge expose l'énigme de Grippeminaud.* — Chap. XIV. *Comment les chats-fourrés vivent de corruption.* — Chap. XV. *Comment frère Jean des Entommeures délibère mettre à sac les chats-fourrés.*

Le Propriétaire français, chap. 14, XVIIIe livre, contient une jolie description du chat.

Raton aux enfers, imitation libre et en vers du Murner in der Hœlle, de Frédéric Guillaume Zacharie, suivie de la traduction littérale de ce poëme. A Genève et à Paris, Dubois, 1774, in-8°.

Le *Recueil des Mémoires de l'Académie des Sciences*, années 1704, 1709, 1710 et 1712, comprend des mémoires curieux sur l'étude physique du chat, par Méri et de La Hire. Une analyse en a été insérée dans l'*Encyclopédie du* XVIIIe *siècle*, article CHAT.

Thomassin : *Regrets facétieux, et plaisantes harangues sur la mort de divers animaux.*

Richer, fabuliste : *Le Chat et les Belettes.—Le Chat blanc et le Chat noir. — Le Chat et le Petit Chien.— Les deux Chiens et le Chat.—L'Enfant et le Chat. — L'Homme et le Chat.—Le Mouton et le Chat. — Le Rat, la Souris, le Chat et le Chien.—Le Renard et le Chat. — Le Singe et le Chat.*

Le Sabbat, ou le Chat eschappé à sa maîtresse, poëme en V *livres*, in-4°, de 151 feuillets Ms. sur papier (Chardin, 1823, n° 1669).

Tableau littéraire de la France pendant le XIIIe *siècle, ou recherches sur la situation des arts, sciences et belles-lettres, depuis l'an* 1200 *jusqu'en* 1301, par J. de Rosny ; Paris, 1809, in-8°. Ce travail contient un passage sur le *Culte du chat.*

Traité complet sur l'éducation physique et morale des Chats, suivi de l'art de guérir les maladies de cet animal domestique; par Catherine Bernard, portière. A Paris, chez l'auteur, 1828, in-12 de 86 pp.

Madame Catherine Bernard, déclare en tête de son ouvrage, que tout contrefacteur sera poursuivi selon les rigueurs des lois, et elle expose les articles 425 et 427 du Code pénal, où il est dit que *toute reproduction entière ou partielle est une contrefaçon;* puis elle reproduit, sous le titre d'*Introduction*, *l'Éloge des chats* de Moncrif, et *les Chats*, tragédie lyrique de Deshoulières. C'est ce qu'il y a de meilleur dans son volume, dont nous allons cependant donner la table des matières :

Chapitre Ier. *Lequel est préférable d'un chat ou d'une chatte?* La chatte est plus aimante et plus caressante ; le chat plus indépendant, mais plus habile à prendre les souris. — Chapitre II. *Caractères des Chats, distingués par leurs robes :* Les chats gris prennent bien les souris; les fauves sont très-amoureux; les noirs très-coureurs; les chattes bigarrées, très-fécondes ; les chats tigrés très-alertes; les rouges hypocrites et les blancs paresseux. — Chapitre III. *De la nourriture des chats :* Lait chaud, café au lait, soupe maigre, abstinence de viande. — Chapitre IV. *Éducation du chat :* Les chats sont susceptibles d'apprendre les tours que l'on veut bien leur enseigner. — Chapitre V. *Opération de la castration :* qui fait engraisser les chats, tandis qu'elle fait maigrir les hommes qui y sont soumis. — Chapitre VI. *Quand il faut couper la queue des chats* (1), opération qui diminue l'intensité de leur maladie. — Chapitre VII.

(1) Usage absurde pratiqué en France par les classes ignorantes.

De la maladie des chats et des remèdes qu'il faut leur administrer. — Chapitre VIII. *Les poêles, les chaufferettes, etc., sont contraires aux chats.* — Chapitre IX. *Des chattes en chaleur.* Il ne faut pas leur refuser les moyens de satisfaire ce besoin de devenir mères. — Chapitre X. *Les chats annoncent la pluie* : Lorsque le chat, après s'être léché longtemps la patte, se la passe et repasse sur l'oreille, c'est signe de pluie. — Chapitre XI. *Proverbe démenti* (s'accorder comme chien et chat). Les chats et les chiens vivant ensemble s'accordent ; mais, dans d'autres cas, surtout si la chatte est en chaleur, ces deux animaux ne s'accordent pas. — Chapitre XII. *De la manière d'empailler les chats.*

Triller, fabuliste, 1763 (en allemand) : *Le Chat et le Renard.* — *Le Chat et la Jeune Souris.* — *Le Congrès tenu infructueusement par les Rats contre les Chats.*

La Vengeance contre soi-même et *le Chat amoureux*, contes en vers (par madame Durand). Paris, 1712, in-12. La première pièce n'a aucun rapport à notre sujet, la seconde est au-dessous du médiocre.

Verdié (fables, Bordeaux, 1819) : *Les Deux Chats et le Rat.* — *Le Chat.* — *Le Bûcheron et le Chat.*

Viennet, fables : *Les Chats en société de commerce.* — *Les Chats et le Cuisinier.* — *Le Singe, l'Écureuil et le Chat.* — *L'Ara et le Chat.*

Fabulas de Tomas de Yriarte : fab. 21. El Raton y el Gato. — Fab. 42, El Gato, el Lagarto y el Grillo.

ICONOGRAPHIE

Raton n'a point, comme maître Bertrand, le roué diplomate, posé si souvent pour nos peintres, nos dessinateurs, nos caricaturistes ; il n'est point entré dans la peau des Magots de Teniers, des Antiquaires de Chardin et des Cuisiniers de Decamps; mais nous rencontrons toutefois sa frimousse à moustaches, venant étoffer çà et là quelque composition satirique et jouer son rôle de comparse dans la comédie humaine, — sur le papier. On ne peut parler chats sans évoquer le nom de *Paradis de Moncrif*, le lecteur de Marie Leckzinska, l'historien de la race féline ; son œuvre, l'*Histoire des chats*, qui était un peu une lame à deux tranchants, lui attira plus d'un sarcasme. Après sa mort, on grava un petit portrait de lui avec cette suscription :

Pleurez, Muses, l'Alexandre des chats gît sous cette colonne.

Ce portrait est indépendant de trois autres du même Moncrif, gravés par *Cathelin, Duflos* et *Ingouf.*

Lorsque la Constituante eut fait disparaître les fermiers généraux, la caricature ne manqua pas d'exploiter pareille aubaine, et nous voyons maître Raton venir faire gorges chaudes de la déconfiture des *Rats de cave* dans une série de pièces satiriques :

Convoi d'un fermier général. — La querelle des chats et des rats de cave. — Recette pour faire périr les rats de cave, etc., etc.

Une année ou deux après, l'on voit le chat sanctifié venir tenir la place d'un saint dans le calendrier républicain expurgé :

Calendrier de la République pour la 3e année, par Queverdo, en deux feuilles ; sur la première feuille, portrait de Châlier et de Barra ; sur la deuxième, Lepelletier St-Fargeau et Marat ; à la place des saints, on lit : *Raisin, Safran, Ane, Dindon, Chien, Chat*, etc.

Dans une caricature sur *Vivant Denon*, faite sans doute lors de son retour d'Egypte, maître Chat reçoit, en compagnie de divers autres animaux, l'encens du futur directeur général des musées :

Denon encensant le bœuf Apis, Ibis, Chats et Magots.

Quelques années avant la révolution, au moment de l'engouement général pour les premières ascensions aérostatiques, *Minet* l'impudent prend la figure d'un abbé, grâce à un mauvais jeu de mots : l'abbé *Miolan* et le graveur en couleur *Janinet*, avaient entrepris en public, au Luxembourg, le 11 juillet 1784, une expérience d'aérostation qui tourna à leur confusion ; on trouve des détails sur ce fait dans le 2e volume des *Mémoires* du graveur *J. G. Wille*. Ils furent, à partir de ce jour et pendant quelque temps, mis sur la sellette par le crayon satirique d'un caricaturiste anonyme ; *Miolan* entre dans la fourrure de *Minet*, *Janinet* devient *Janot*, et l'on colporte entre autres pièces : *L'honnête retraite de Minet et de Janot. Minet, physicien, ou la colique de ces messieurs*, etc.

SALON DE L'AN IX.

N° 263 du livret. — *Une petite fille qui apprend à lire à son chien*, par Godefroy, d'après madame Chaudet.

AIR : *Des petits Montagnards.*

Madame Chaudet, la première,
A fait ce portrait et ce chien ;
La fille est plutôt l'écolière,
Et le maître est plutôt le chien.
Mais c'est assez, sans autre blâme,
Qu'un coup de patte pour le chien ;
Car le joli chat de madame
M'empêche de battre le chien.

Couplet extrait de la ronde finale sur la quantité immense des portraits de femme au salon de l'an IX :

Une femme tient des aiguilles,
Modèle à suivre pour les filles.
Puis encor madame Chaudet
En montre une avec son Minet.

Extrait de : *Les Tableaux du Muséum en vaudevilles*, ouvrage dédié à M. Frivole, par le C. Guipava. A Paris, de l'imprimerie de Brasseur, an IX. In-18 de 124 pages.

Le roi Don Fernando de Portugal, qui est un dessinateur et un aquafortiste de talent, a puisé plusieurs sujets dans les *Contemplations du chat Murr*, d'Hoffmann. Dans un dessin que la *Gazette des Beaux-Arts* (n° 27) a reproduit, gravé sur bois, *le chat Murr* est représenté écrivant son *Essai de biographie;* un sabbat de chats en guirlande de ses rondes fantastiques, le sujet principal de *Mein herr Murr*. — Au sommet, l'illustre angora triomphe dans une gloire constellée. Il est déjà passé à l'état de chat légendaire. Don Fernando, qui fait partie de la *Société des aquafortistes*, a gravé à son intention une planche traitant du même sujet (livraison de février 1865).

LA MORT DU CHAT MURR.

Murr est étendu sur le dos sur une civière ; un chat, assis sur un cuveau renversé, prononce l'oraison funèbre, une patte en l'air, entouré de nombreux amis se lamentant.

Je remarque encore l'estampe suivante dans l'œuvre gravé du roi :

Un chat mangeant la soupe d'un dogue, d'après Champmartin, gravé à San Tolmo en 1856. L'original appartient au duc de Montpensier.

La *Sainte Famille*, appelée *la Vierge aux chats*, par le Baroche, fut vendue 10,500 francs à Londres au commencement de 1799 ;— elle venait de la série italienne de la galerie d'Orléans vendue, en 1792, 700,000 livres par Philippe Égalité. — Cette série acquise successivement par Walkers, un banquier belge (700,000 livres), par Laborde de Méréville (900,000 livres) et en dernier lieu par *Bryan* (1 million 75,000 francs), l'homme de paille de très-riches amateurs anglais, fut vendue à Londres dans les deux salles de *Pall Mall* et *du Lycæum*, à dater du 26 décembre 1798. En 1865 (31 mai), à la vente de la collection de Morny, *le petit Garçon au chat*, peinture de *Drouais*, y fut vendu 20,100 francs.

Nous retrouvons souvent cet animal dans l'œuvre de *François-Hubert* (1727-1775), le second des trois Drouais :

A la vente du marquis de Ménars (Abel Poisson), 1782 : *Un jeune dessinateur* de Drouais et son pendant: *Jeune fille jouant avec un chat* ; sa tête penchée est couverte d'une capote doublée de rose (toile de (18 pouces sur 22), sont vendus 1,220 livres.

Marie-Louise-Adélaïde Boizot a également gravé d'après Drouais deux pendants du même genre : *Jeune garçon faisant un château de cartes. — Jeune fille faisant des bulles de savon et jouant avec son chat.*

Ces petites toiles de François-Hubert ont été en partie exposées au salon de 1771.

Dans *les Chats* de *Moncrif*, édition de *Quillau* 1727, in-8°, se trouvent en *illustrations*, 8 planches gravées par le comte de Caylus, les trois dernières d'après Charles Coypel :

1. *Le Dieu Chat,* — petit monument égyptien. Hauteur 139 mill., largeur 80 mill. page 10.

2. *Le Dieu Chat*, petit bas-relief. Hauteur 139 mill., largeur 80 mill., page 12.

3. Deux sistres égyptiens avec des figures de chats, et une figurine du Dieu Chat avec un sistre. mêmes dimensions, page 14.

4. Figurine du Dieu Chat avec un corps d'homme, mêmes dimensions, page 25.

5. Trois figurines de la déesse Chatte avec un corps de femme, mêmes dimensions, page 26.

6. Tombeau de la chatte de Madame de Lesdiguières, d'après Ch. Coypel. Hauteur 135 mill. largeur 79 mill., page 104.

7. Le chat et la chatte de Madame Deshoulières, en costume de théâtre et jouant un opéra sur le toit, d'après Ch. Coypel. Largeur 158 mill., hauteur 139 mill., page 117.

C'est sans doute la pièce citée par *Robert Dumesnil* (tome II, page 224) sous le titre de : *Tragédie jouée par les chats.*

8. Mademoiselle Dupuy, célèbre harpiste du XVIIe siècle, couchée, ayant son chat sur son lit et dictant en sa faveur son testament à deux notaires, d'après Coypel : largeur 159 mill., hauteur 139 mill., page 139.

Le Manuel de l'Amateur classe sous le n° 474 de l'œuvre de Caylus une autre pièce : *Testament de mademoiselle Dupuy en faveur de son chat.* — Je ne sais s'il y a double emploi avec la précédente déjà décrite sous le n° 321 — ou si c'est un sujet traité avec des différences.

Robert Dumesnil (II, page 224) cite encore, d'après *Heinecken, Huber et Rost : Trois pièces de l'histoire du chat de Madame la marquise du Deffant;* — il les dit gravées par le comte de Caylus et non par Ch. Coypel, comme l'affirment ces derniers.

A bon Chat, bon Rat : par Regnier, Bettanier et Morlon, d'après madame Tiercy. Paris, lithographie Lemercier.

L'Aigle et le Chat. Gravure de Francis Barlow (graveur anglais, mort en 1702).

Cette estampe se rapporte à un fait dont l'artiste fut témoin. Un aigle, ayant emporté un chat dans les airs, fut vaincu et tomba par terre avec son ennemi qui lui avait arraché les yeux.

Les Amis de la maison; par Cél. Deshays.

Lithogr. *Le Chat qui pelote.* En largeur, 28 sur 35. Paris, Dusacq.

L'Amusement de la jeunesse; gravé par N. Dupuis en 1762, d'après F. Eisen le père. Enfants faisant chanter un chat.

L'Angora favori de mademoiselle Elisabeth-Sophie Chéron, la célèbre peintre de portraits, mariée avec monsieur Lehay à l'âge de 60 ans.

Estampe in-4°, gravée au burin par mesdemoiselles Anne et Ursule de la Croix, nièces de l'artiste.

Le chat se trouve placé sur les épaules de la chambrière.

La Bouillie aux chats. — Estampe gravée par J. B. Huet.

Le bout de l'oreille et le bout de la queue. Paris, phot. Chardon jeune, Bulla (1861).

La Cage symbolique; peint par Lepeautre, gravé par Fessard.

Casanova. Une suite de 48 gravures a été faite en

Allemagne pour illustrer les mémoires de cet aventurier fameux. L'une d'elles représente la visite que rend le Vénitien au vieux poëte tragique Crébillon, qu'il trouve assis dans un fauteuil et entouré d'une douzaine de chats.

The Cats' tea-party and grand ball (La partie de thé et le grand bal des chats). Merriment series, and sister lady-Bird's series. London, Dean and son, pet. in-4°, 8 fig. coloriées.

Sur le frontispice on voit une immense table entourée de chats dans des attitudes et avec des physionomies très-variées. Le service est fait par des chiens en grande livrée. Un petit chaton folâtre est derrière sa mère chatte, qui le regarde avec complaisance.

Une suite de 8 gravures représente les divers amusements de la société.

Le bal, le salon de jeu, la table couverte d'albums feuilletés par les invités, l'arrivée de nouveaux invités reçus à la sortie de leurs voitures par un chien en livrée, le souper, le bal qui continue après, avec des singes pour musiciens dans l'orchestre. Un papa chat fait danser ses deux petits enfants. Plus loin, une des invitées, une chatte minaudière, se trouve mal; tout le monde s'empresse autour d'elle; mais le mari, chat philosophe, rassure la compagnie : Je suis habitué à cela, dit-il, n'ayez pas peur, elle n'est pas morte, elle n'est qu'évanouie. Le dernier dessin nous représente le départ de la chatte malade; une gouvernante chatte porte un petit chaton et donne la main à un autre, tandis que le vieux Pierre, en vrai Anglais, dit à la chatte : Adieu, *miss White Skin*, vous avez l'air malade, prenez une petite pilule.

La Chasse ; lithogr. d'après Mlle Aïta. Jeunes chats. Paris, Delarue. Hr 27 sur 35.

Chasse aux chats, par Durant, d'après Hoterman. Paris, lithogr. Lemercier; Goupil (1861); et photographié par Goupil (format carte de visite). Paris, 1865.

Le Chat. Paris, lithogr. Becquet, Testu et Massin. (1862).

Le Chat au fromage; gravé par Dupuis, d'après Chardin. Petite fille tirant l'oreille d'un chat pour l'empêcher de manger son fromage. Cette composition n'est pas de Chardin, mais faite par des graveurs de pacotille, vers le milieu du XVIIIe siècle ; en présence des succès des véritables chardins, gravés par Cochin, Filleul, Lépicié, Lebas, des contrefacteurs, tels que Dupin, Charpentier, s'étaient mis à la besogne, exploitant le nom du maître.

Le Chat convalescent. Paris, phot. Thiébault (1864).

Le Chat d'Angora et sa famille; gravé par Schmitz, d'après Huet.

Le Chat déroulant la jarretière; gravé d'après Boilly.

Le Chat malade; gr. par J. E. Liétard, d'après Antoine Watteau. Au bas, 16 vers; belle pièce. Charge contre les médecins. Une femme demande à la science un remède pour son chat malade; un médecin tâte le pouls de la bête, qui semble se prêter volontiers à cette mystification.

Vendu le 11 avril 1859, 100 francs. Le *Magasin*

pittoresque, n° 25 du tome 25, fait une description ingénieuse de cette estampe. Voir G. Duplessis, *Histoire de la gravure en France*, p. 303.

Le Chat solliciteur. Estampe publiée vers 1820.

La Chatte métamorphosée en femme, d'après H. Picou. Paris, photogr. Bingham (1864).

Chats, lithogr. d'Albert Adam. Paris, Dusacq et Cᵉ.

La Chatte; gravé par Smith, d'après mademoiselle Gerard. Petit in fol., en manière noire.

La Chatte de monsieur, lithogr. par Régnier, Bettannier et Morlon, d'après Linder. Une belle chatte blanche angora fait accompagnement à une jolie femme, la maîtresse de monsieur.

Les Chattes parisiennes. Caricatures par Damourette. Imprimées en noir et en couleur.

Le Concert au Chat. Estampe gravée par Jacques Dassommerville (graveur de la seconde moitié du XVIIIe siècle, haut. 3 pouces sur 2 pouces 9 lignes).

Huit personnages prennent part à ce concert rustique : trois jouent, l'un de la musette, un autre du hautbois et le troisième du violon, tandis qu'un quatrième fait sa partie en tirant la queue d'un chat qui miaule; au bas, à droite, d'autres personnages chantent, rient et boivent. — Pièce sans marque, ainsi décrite dans Robert Dumesnil (t. I, p. 176). Elle fait pendant à une pièce du même graveur décrite sous le nom de *la Ratière*.

Concert de Chats, d'après Breughel, gravé par Couché. Paris, impr. Chardon aîné (1864).

Dame Bantry and her Cat. (La dame Bantry et son chat.) London, Dean and son, petit in-4°, fig. col.

Dame Wiggins of Lee and her Cats. London Dean and son, petit in-4°, fig. col.

Death and burial of the three little Kittens. (Mort et enterrement des trois petits chatons.) London, Dean and son, petit in-4°, fig. coloriées.

La Desfaite des Chats. — Merveilleux combats des chats pris par les rats, etc. — Pièce satirique très-curieuse sur la prise d'Arras en 1640. Voyez : *Prise et deffaite générale...* — Une épreuve de cette estampe fut vendue 25 fr. 50, à la 2me vente du docteur Wellesley, en janvier 1862.

L'Empire de la beauté. Estampe gravée, par Beurlier, d'après Desrais. Dame jouant avec son chat.

L'Enfance; Cochin, inv. et sculpsit. — Deux jeunes enfants font manger de la bouillie à un chat.

L'Enfant au Chat. Paris, photographie Collin, (1864).

Enfants dormant près d'un Chat, par Boucher (*catalogue* Alph. David, 1859, n° 1547).

L'Enfant et le Chat. Estampe gravée par Mlle Marguerite Gérard (nièce et élève de Fragonard), en 1778, à l'âge de 16 ans. Décrite dans le *Peintre graveur français continué;* de Baudicour (I, 307).

Étude de Chats; par Barye (*catalogue* d'Alph. David, 1859, n° 412).

Étude de Chats, dessin de Géricault.

L'Exemple des mères; peint par Jeaurat, gravé par Lucas.

La Folie tenant un chat d'une main, et lui tirant l'oreille de l'autre. Fatuo ridemur in uno; gravé par Alex. Voet le jeune, d'après J. Jordaens.

Morceau d'un très-grand effet. — Baron Ch. de Vèze, 1855, p. 69. — Le Chevalier et J. Camberlin, 1865, n° 3812, épr. du 1er état, avant l'adresse de *Gaspar de Hollander.* Le même sujet, avec cette inscription : *Tis om te lachen.* Petit in-fol. — Baron Ch. de Vèze, 1865, p. 69. — Le même sujet : *Chat malin et fou dangereux;* par Molien Petit in-fol. 2 épr., l'une avec l'adresse de Rognié, l'autre avec celle de Major (*catal.* du baron Ch. de Vèze en 1855, p. 169).

Le Fort des chats assiégé par les rats et les souris, où il est mort du temps jadis plus de dix-huit cents mil rats, dont les chats, commandés par *Rominagrobis*, ont remporté une grande victoire sur eux, leur ayant fait lever le siége (d'Arras), et les ayant contraincts de ne plus paroître. S. d. petit in-fol. — Pièce satirique et burlesque sur le même sujet que la *Prise et desfaicte générale des chats d'Espaigne, etc.* Cette revanche des *chats espagnols* est beaucoup plus rare que la partie gagnée par les *rats français*.

Famille de chats. — Étude dessinée et lithograph. par V. Adam. Paris, Delarue.

Le *Gâteau de fête.* Jeunes chats mangeant un gâteau ; par mademoiselle Aïta. Lithog. Paris, Delarue (h[r] 27 sur 35 l.).

La Grande tête de chat, avec ce titre : Le vray portrait du chat du grand-duc de Moscovie. 1661, in-fol. en hauteur.

La guerre et la paix, 2 lithograph. d'après mademoiselle Aïta. Jeunes chats. Paris, Delarue, hauteur 27 sur 55 largeur.

L'Heureux Chat.— J. B. Huet pinx. Bonnet sculpt. Pièce en couleur.

Huber (Jean), célèbre peintre et naturaliste de Genève, mort en 1790, a été surnommé le Raphaël des chats.

Imageries russes. Recueil de figures publiées en Russie, se trouvant au cabinet des estampes, à la Bibliothèque impériale, T. f. 47, volume in-folio.— L'une de ces gravures représente un chat mort, couché sur un char traîné triomphalement par des rats. — Une autre représente le même sujet que le précédent, les rats et les ornements sont faits dans l'esprit hiéroglyphique. — D'autres offrent des sujets analogues, par exemple, des *chats dansant et se rafraîchissant*, et *un chat faisant vis-à-vis à un seigneur devant un monarque et sa cour.* — Ces pièces ont été recueillies par les soins de M. Paul Lacroix.

Intérieur de ménage, dessin à la plume lavé de bistre; de Ph. Caresme. (Largeur 8 pouces sur 7 de haut.) Une femme debout coupe à manger à deux chats, qui attendent impatiemment à ses pieds ; un jeune enfant les irrite avec une baguette (n° 3787 du catalogue Paignon Disjonval). Nous ne savons si ce dessin a été gravé.

Jamais d'accord; peint par Lawrence, gravé par

Denargle. Deux dames tenant l'une un chien, l'autre un chat.

J'aime bien mon chien. — Et moi, je préfère mon chat. Paris, lithogr. Roche ; Codoni (1862).

Jeune femme tenant un chat. Sépia rehaussée de blanc; attribué à Chardin (catalogue Vignères, n° 215).

Jeune fille jouant avec un chat. Lithogr. par Julien d'après Brochart (49 h. sur 32 l.). Paris, Delarue, photographié par Goupil (1862).

Jeune fille tenant un chat. Gravé par Ardell, d'après Ph. Mercier.

The little kittens alive and well again (Les petits chatons vivants et encore bien portants). London, Dean et son, pet. in-4°, 8 figures coloriées. Trois bustes de chatons bien éveillés appuyés sur le bord d'une loge dans l'attitude d'enfans bien sages.

Suit le récit de leur naissance; ils étoient neuf; trois vécurent, on enterra les autres.—1er dessin : les trois chatons, vêtus en gentlemen, font une visite au cimetière; ils voient apparaître trois chatonnes vêtues légèrement de leur linceul ; ils ôtent leur macfarlane et les couvrent, puis les emmènent; grande joie au logis de la résurrection des trois chatonnes, bal pour la célébrer; etc.

The Marchand de chats. Photographié par Villeneuve. Paris (1863).

The Marriage of the three little kittens (Le Mariage des trois petits chatons). London, Dean and son, petit in-4°, 8 fig. coloriées. Sur le frontispice, trois jeunes chats élégants offrent le bras à trois jeunes chattes d'attitude modeste. Dans une suite de huit têtes de pages coloriées, on voit la maman chatte accompagnant sur le seuil du logis les trois chatonnes qui partent en promenade. Elles sont rencontrées par trois jeunes chats qui, après les compliments sur leurs mitaines, sur leur toilette, finissent par leur offrir un bras qu'elles acceptent ; ils font ainsi deux à deux une promenade, pendant laquelle les jeunes chats font leur demande en mariage : *Adressez-vous à papa,* disent les chatonnes.

Le 5e dessin représente le vieux père chat recevant la demande des trois épouseurs, et leur répondant : *Prenez-les, il m'en reste soixante-dix.*

Sauts joyeux des chatonnes à cette nouvelle que leur annoncent gravement les trois chatons en agitant la queue, et, en ménagères bien stylées, elles ôtent leurs mitaines et se mettent à préparer le repas de noces. On les voit, dans le dessin suivant, vêtues en mariées et présidant une longue table, entourée de chats et de chattes le verre en main. Au bas de chaque page, des couplets notés avec le refrain *miaou, miaou*, expliquent l'histoire peinte dans le haut.

Mignon (Abraham). Un vase rempli de diverses fleurs ; il est près de verser par l'effort que fait un chat en culbutant une souricière. (Vente Lafontaine, en 1810, adj. 302 fr. à M. Henry.)

Minet aux aguets; par Debucourt. En noir et en couleur. (Catal. Alph. David, 1859, n° 2261.)

Mon petit Minet, d'après Fantin-Latour. Photogr. de 8 cent. sur 12 cent. Paris, Dusacq et Cie.

Monginot (C.), peintre contemporain. On a de lui un joli tableau représentant une famille de six petits chats.

Mosaïque de chiens et de chats. Photographié par Weyler. Paris (1863).

L'Oiseau privé; gravé par Bonnet, d'après J. B. Huet. Jeune femme en costume Louis XVI, jouant avec son serin et son chat. Gravure en couleur.

Patte de velours; par Mlle Aïta. Jeunes chats jouant avec des cerises. Paris. Delarue, lithogr. De 27 h[r] sur 25 l.)

Pauvre Minet, que ne suis-je à ta place! de Janinet, d'après N. Lawreince. Estampe en couleur.

La Pêche: lithogr. d'après Mlle Aïta. Jeunes chats cherchant à prendre des poissons dans un bocal. Paris, Delarue.

Petit Minet; jolie gravure sur bois, d'après une aquarelle de L. Thomas, dans le cahier du 27 janvier de l'*Univers illustré*, 1866. Deux enfants tiennent un petit chat, et l'un d'eux lui chatouille l'oreille avec un brin de paille.

Les petits Bouffons; par Cathelin et F. Eisen le père. Enfants faisant danser singe et chat. Catalogue de M. V***, d'Anvers, en 1856, n° 299).

Les petits Chats; par Levilly. Lithogr. Paris, Fagard.

Les Petits Chats; grav. allemandes, photographiées par G. Schauer, (1865, Paris).

Portrait des enfants; par François-Hubert Drouais.

Le plus jeune des enfants est vêtu d'une robe bleue et porte un chat dans ses bras.

Cette toile, qui faisait partie de la collection H. Didier, a figuré à l'Exposition du boulevard des Italiens en 1860. (Catal. Burty, n° 126.)

La Prise et deffaicte générale des chats d'Espaigne par les rats français, devant la ville et cité d'Arras. Paris, Jollain (1640), gr. in-fol. Estampe satirique, *fort rare,* représentant la ville d'Arras, et au premier plan, un combat entre les Français et les Espagnols, distingués, ceux-ci par des têtes et des queues de *chats,* les autres par des têtes et des queues de *rats.* Le gouverneur *chat,* la corde au cou, est suivi par deux *rats* énormes qui se disposent à le pendre. Harduin, dans ses *Mémoires sur l'Artois,* pp.240-241, signale la rareté de cette pièce, qu'il décrit, et dont il rapporte les inscriptions en vers français.

Au-dessus d'une des portes de la ville, par où sortit la garnison espagnole pour faire place au vainqueur, on lisait ce dicton fameux :

> Quand les rats prendront les chats,
> Les Français prendront Arras.

Qui s'y frotte, s'y pique; par Mlle Aïta. Jeunes chats jouant avec des roses.

Raton et Minette, scène d'intérieur, toile peinte par Mlle Marguerite Gérard, élève et belle-sœur de Fragonard. (Vente Fouquet, en 1804, adjugée 534 fr.)

Les Singes barbiers, par Teniers, gravé par Boel. Deux chats rasés par des singes; composition fort plaisante.

La tête de chat, gravée par Wenceslas Hollar, d'après Francis Barlow. Estampe en hauteur. Une des plus belles et des plus recherchées de l'œuvre de Hollar. Deux titres : l'un en bohème, l'autre en allemand ; 1646.

Le Musée de Bruxelles, n° 328, possède un curieux tableau de David *Teniers* le jeune, représentant un chat habillé en rouge amené prisonnier de guerre devant un tribunal martial composé de singes.

Titre de l'œuvre de M. le chevalier de la Vieuville, dédiée à madame la comtesse de P***, 1728, avec quatre ronds où se trouve un *chat tourneur*, un *chat chimiste*, un *chat botaniste*, et un *chat dessinateur*. — Cat. du baron Ch. de Vèze, 1855, p. 131, n° 191.

La toilette du petit frère, par Mademoiselle Aïta. Jeunes chats jouant entre eux ; Paris, Delarue, lithographie.

Le triomphe de Minette, estampe gravée par Vidal, d'après Mlle Gérard.

Un enfant tenant dans ses bras un chat emmaillotté : tandis qu'un autre enfant se réjouit de l'embarras du pauvre animal. Tableau de Fragonard, exposé au salon de 1779.

Un chat tenant une souris entre ses pattes ; gravé par Corn. Bloemaert (dessinateur et graveur au burin, né à Utrecht, en 1603 ; mort à Rome en 1680).

Wenda, Pauline et Emma, filles du prince Severin Potocki ; l'une d'elles tient un chat. Copia sc., d'après Isabey. Estampe ovale en hauteur.

Corneille Wischer, né en Hollande, vers 1610 ; très-habile dessinateur et graveur à l'eau-forte et au burin.

Le grand chat : Un chat accroupi tourné vers la droite ; dans le fond, à gauche, on voit un rat. Cette estampe fait voir la facilité avec laquelle Corneille Wischer savait manier le burin ; on retrouve dans le poil la souplesse si remarquable de la fourrure du chat.

Le petit chat. Un chat accroupi sur une serviette, tourné vers la gauche. La tête de cet animal est d'une grande vérité, mais on ne peut dire la même chose du reste du corps. Il est même à remarquer que tout le reste du travail est fort dur, ce qui doit faire penser que la planche a été détruite sans avoir été terminée. Elle est d'une telle rareté qu'on la rencontre dans très-peu de collections. Aussi met-on un grand prix à cette petite estampe. Elle vient du cabinet de Jonghe, de Rotterdam, et a été payée 500 fr. Une semblable épreuve était dans le cabinet de Revil, vendu en 1830 ; elle fut acquise alors par M. Standish ; en 1852, elle fut achetée par M. Thorel, et, à sa vente, en décembre 1853, elle s'éleva de nouveau au prix de 500 fr. — Voir n°s 147 et 148, *Description des estampes exposées dans la galerie de la Bibliothèque Impér.*, etc. ; par J. Duchesne aîné, Paris, 1855.

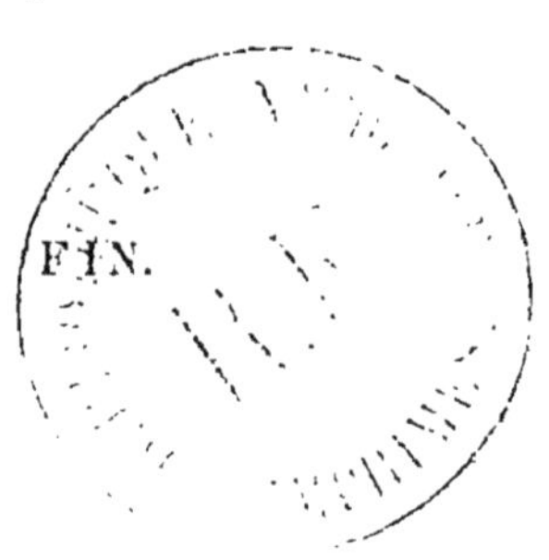

FIN.

TABLE DES MATIÈRES.

PAGES

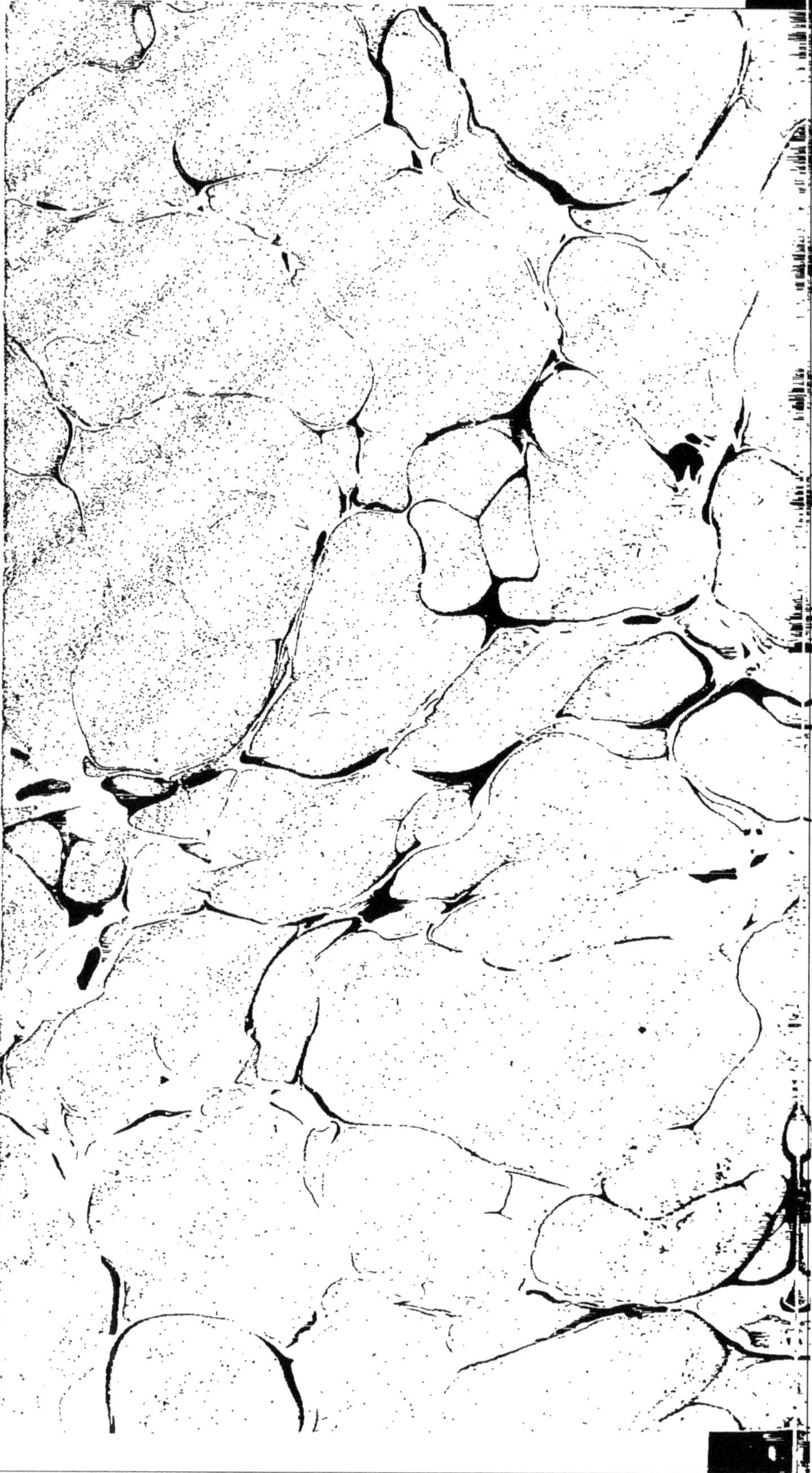

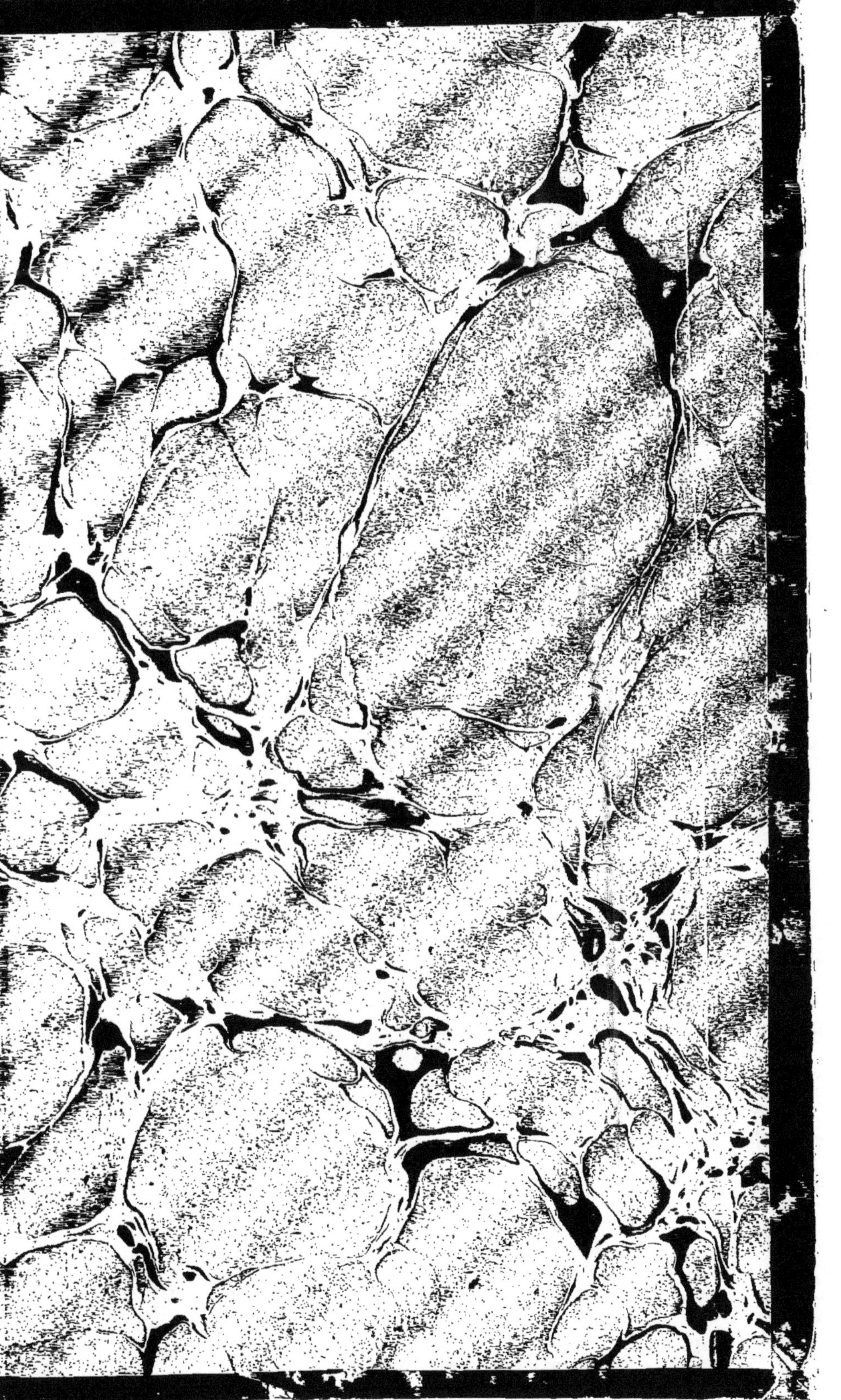

www.ingramcontent.com/pod-product-compliance
Ingram Content Group UK Ltd.
Pitfield, Milton Keynes, MK11 3LW, UK
UKHW020203250726
13967UKWH00003B/1234

9 782011 932983